NATALIE GUZMAN

IMPRESIÓN 3D PARA PRINCIPIANTES Y AFICIONADOS

GUÍA RÁPIDA PARA APRENDER A IMPRIMIR EN 3D EN CASA

Copyright © 2021 by Natalie Guzman

© Derechos de autor 2021 - Todos los derechos reservados.

El contenido de este libro no puede ser reproducido, duplicado o transmitido sin el permiso escrito directo del autor o del editor.

En ningún caso se responsabilizará al editor o al autor por daños, reparaciones o pérdidas monetarias debido a la información contenida en este libro, ya sea directa o indirectamente.

Aviso Legal

Este libro está protegido por derechos de autor. Es solo para uso personal. No puede modificar, distribuir, vender, utilizar, citar ni parafrasear ninguna parte o contenido de este libro sin el consentimiento del autor o del editor.

Aviso de Descargo de Responsabilidad

Por favor, tenga en cuenta que la información contenida en este documento es solo para fines educativos y de entretenimiento. Se ha hecho todo el esfuerzo para presentar información precisa, actualizada, confiable y completa. No se declaran ni se implican garantías de ningún tipo. Los lectores reconocen que el autor no se dedica a la prestación de asesoramiento legal, financiero, médico o profesional. El contenido de este libro se ha derivado de diversas fuentes. Consulte a un profesional con licencia antes de intentar cualquier técnica descrita en este libro.

Al leer este documento, el lector acepta que bajo ninguna circunstancia el autor será responsable de pérdidas directas o indirectas que se incurran como resultado del uso de la información contenida en este documento, incluidos, entre otros, errores, omisiones o inexactitudes.

First edition

This book was professionally typeset on Reedsy.
Find out more at reedsy.com

Contents

Introducción	1
Impresión 3D: Lo que necesitas saber	4
MODELOS DE IMPRESORAS 3D QUE DEBERÍAS CONSIDERAR	22
LOS PRINCIPALES ACCESORIOS IMPRESCINDIBLES PARA IMPRESORAS...	42
ELECCIÓN DE MATERIALES DE IMPRESIÓN	56
SOFTWARE DE IMPRESIÓN 3D	91
PRIMERA IMPRESIÓN: INSTRUCCIONES PASO A PASO	108
10 ERRORES COMUNES EN LA IMPRESIÓN 3D	120
CONCLUSIÓN	134
DEJA TU OPINIÓN	136
REFERENCIAS	137

Introducción

Muy bien, te has convencido de la idea de la impresión 3D.

Quizás has visto a amigos, familiares y extraños en Internet que han comprado modelos domésticos de impresoras 3D y han producido cosas increíbles: juguetes y figuras de acción, decoraciones para el hogar y lámparas, gadgets y herramientas, e incluso modelos a tamaño real de R2-D2.

Tal vez has visto impresoras 3D usadas en entornos industriales y de ingeniería, permitiendo la creación rápida de prototipos de piezas y hardware.

O tal vez has visto la increíble cantidad de usos avanzados de esta tecnología: desde prótesis médicas hasta piezas de automóviles y casas enteras.

Y ahora estás pensando: "Me encantaría poder crear cualquier cosa, desde la comodidad de mi hogar."

Sea lo que sea que te haya enganchado, estás enganchado. Has estado leyendo reseñas de diferentes modelos de impresoras 3D en línea; has estado decidiendo qué vas a hacer con tu nuevo gadget. Tal vez incluso ya has hecho una compra.

Y entonces se te ocurre: "No tengo ni idea de cómo usar una impresora 3D."

Ahora estás en línea, comparando tipos de filamentos y preguntándote cuál es la diferencia entre PET y PETT. Los sitios web están hablando de descargar archivos STL, pero ni siquiera estás seguro de qué es un archivo STL o cómo abrirlo. No sabes lo primero sobre modelos 3D o la fabricación de carcasas de plástico para iPhone. Estás completamente abrumado. Y de repente, ya no estás tan seguro de que comprar una impresora 3D sea una buena idea.

¿Te suena familiar? ¿Te sientes abrumado preguntándote si tal vez la impresión 3D es demasiado avanzada para ti? Para eso es este libro.

Soy Natalie Guzman. He estado estudiando la impresión 3D durante siete años, ¡y creo que estas impresoras son máquinas asombrosas! Tienen un potencial increíble para darle a personas comunes como tú y yo la capacidad de crear objetos que sean divertidos, útiles, hermosos, o las tres cosas; nunca me canso de ver aparecer algo donde antes no había nada.

Pero mi tiempo usando impresoras 3D también me ha enseñado que no siempre es fácil hacer que funcionen como esperas. Desafortunadamente, es muy fácil para los principiantes empezar con entusiasmo con sus nuevas impresoras pero luego quedarse atascados en algún problema o inconveniente, frustrarse y renunciar por completo. Yo ciertamente pasé por períodos así, y desearía haber tenido entonces un libro con consejos y trucos útiles para comenzar y evitar problemas básicos. Así que ahora que tengo siete años de experiencia, decidí escribir el tipo de

INTRODUCCIÓN

libro que solía desear tener.

Voy a introducirte en el mundo de la impresión 3D, empezando desde el principio absoluto: no necesitas saber hacer mucho excepto encender tu computadora y buscar cosas en Internet. (Si ya tienes algún conocimiento sobre la impresión 3D y estás buscando conocimientos más intermedios, quizás quieras echar un vistazo a los libros posteriores en nuestra serie de impresión 3D.)

Comenzaremos con una visión general de la impresión 3D: qué es, para qué sirve y cuándo es útil. Luego discutiremos qué necesitas comprar para comenzar, cómo empezar y cómo solucionar problemas cuando algo va mal. A lo largo del libro, te daré instrucciones paso a paso y muchos consejos y trucos útiles.

Espero que encuentres este libro como una referencia útil, tanto para leer mientras comienzas como para consultar en el futuro. La impresión 3D es muy divertida; es algo con lo que puedes experimentar sin fin mientras encuentras nuevas cosas para imprimir y descubres los mejores procesos. Pero también es algo que puede causar frustración cuando las cosas no funcionan como esperabas, especialmente cuando recién estás comenzando. Espero ayudarte a evitar los obstáculos que enfrentan los nuevos propietarios de impresoras 3D.

¡Al final de este libro, estarás imprimiendo con facilidad! Sabrás cómo encontrar un archivo para el proyecto que deseas crear y luego guiar ese proyecto hasta su finalización. Crearás objetos fácilmente para divertirte, para usar en tu casa y más. Y tendrás el conocimiento necesario para evitar algunos problemas comunes.

¿Estás listo para comenzar con la impresión 3D? ¡Entonces vamos!

Impresión 3D: Lo que necesitas saber

Empecemos, como dice la canción, por el principio.

¿Qué es la impresión 3D?

Aunque la palabra "impresión" puede hacerte pensar en una impresora de computadora, la impresión 3D solo tiene un poco en común con eso.

Empecemos, como dice la canción, por el principio.

¿Qué es la impresión 3D?

Aunque la palabra "impresión" puede hacerte pensar en una impresora de computadora, la impresión 3D solo tiene un poco en común con eso.

Definición: La impresión 3D se refiere a muchos tipos diferentes de procesos que implican una máquina controlada por computadora utilizando algún tipo de material para formar un objeto 3D. A menudo, el material se deposita en capas, y las capas a menudo se fusionan para formar un objeto sólido.

En este libro, hablaremos sobre impresoras 3D para consumidores:

generalmente lo suficientemente pequeñas como para caber en tu mesa de cocina, asequibles y usadas por aficionados.

Pero no son los únicos tipos de impresoras 3D; estas máquinas se han usado durante muchos años para una variedad de usos diferentes.

Parece algo apropiado que la primera referencia a una idea que se asemeja a la impresión 3D provino de una historia de ciencia ficción, dado lo fantástica que es esta tecnología. Raymond F. Jones, en un cuento llamado "Herramientas del comercio", mencionó una tecnología muy parecida a la impresión 3D de hoy en día. Pero no fue hasta la década de 1970 que la gente comenzó a pensar mucho en la posibilidad de utilizar este tipo de proceso en el mundo real; una patente de 1971 describe un proceso de prototipado rápido usando metal, y en 1974, el químico británico David E. H. Jones sugirió la posibilidad de la impresión 3D en una columna de revista.

Un investigador japonés inventó un proceso de fabricación aditiva para crear objetos tridimensionales a partir de plástico en 1980, pero nunca realmente tuvo éxito. Otros grupos e individuos de todo el mundo comenzaron a trabajar en sus propias tecnologías a lo largo de la década. A finales de los años 80, se desarrollaron dos tecnologías importantes: Chuck Hull inventó la estereolitografía, que involucraba una resina activada por luz, mientras que S. Scott Crump desarrolló el modelado por deposición fundida, del cual hablaremos más adelante.

Esta es la época en que la idea de la impresión 3D realmente despegó. Pero en aquel entonces, estas máquinas se usaban principalmente para prototipado rápido en entornos industriales, de manufactura e ingeniería.

¿Qué es el prototipado rápido, preguntas? Bueno, supongamos que estás diseñando una nueva carcasa para un detector de humo que estás fabricando. Haces todo el diseño en un programa CAD (diseño asistido por computadora), y todo parece verse como quieres, pero ¿ahora qué? Necesitas obtener un producto físico en tus manos para poder probarlo, criticarlo y perfeccionarlo. ¿Pero cómo vas a hacer eso? Muchas instalaciones de ingeniería no tienen la maquinaria necesaria para fabricar esas carcasas. Si estás en una de esas instalaciones, tendrás que enviar ese diseño a otra compañía que tenga esa capacidad. Ellos fabricarán tu prototipo y te lo enviarán de vuelta. En ese punto, lo probarás y lo pasarás por otras personas, y basado en tus hallazgos, ajustarás el diseño, pero eso significa que tendrás que enviarlo nuevamente para su fabricación. Luego te lo tendrán que enviar de vuelta... como puedes ver, esto podría implicar mucho ida y vuelta, muchos dolores de cabeza y mucho tiempo perdido. Sin embargo, si tienes una impresora 3D, puedes crear rápidamente ese prototipo internamente en cuestión de horas y ahorrarte mucho tiempo y dinero. Eso es lo que queremos decir con "prototipado rápido".

Esta tecnología también tiene un uso de fabricación fuera del prototipado rápido; se puede usar para crear no solo prototipos, sino también productos finales. Puede ser una herramienta útil de fabricación, especialmente cuando no necesitas suficientes del producto final para que valga la pena la producción en masa. Muchas de las primeras tecnologías de impresión 3D involucraban la creación de objetos de metal, generalmente usando metal en polvo y láseres, entre otros. En aplicaciones industriales, tales procesos a menudo se llaman "fabricación aditiva".

Definición: *La fabricación aditiva* se refiere a tecnologías que te permiten crear objetos 3D añadiendo material una capa a la vez (esto contrasta con muchos métodos de fabricación tradicionales, como el mecanizado o el fresado, donde se elimina el material). "Fabricación aditiva" e "impresión 3D" a menudo se usan indistintamente, aunque el primero generalmente se usa en entornos de fabricación, no para la impresión casera de aficionados de la que estamos hablando aquí.

Hoy en día, la impresión 3D se usa para todo tipo de aplicaciones diferentes, y no solo están usando metal o plástico como materiales. El campo médico ha estado usando la impresión 3D durante un tiempo; ya en 2006, el Instituto Wake Forest de Medicina Regenerativa imprimió en 3D un andamio sobre el cual cultivaron una vejiga de reemplazo para un paciente. La impresión 3D también permite a los médicos crear implantes y dispositivos que están personalizados para pacientes específicos; por ejemplo, en 2012, médicos en los Países Bajos pudieron crear una mandíbula de titanio para implantar en un paciente con una infección ósea crónica. Otro ejemplo temprano fue en 2014 cuando médicos en Gales imprimieron en 3D placas e implantes para ayudarles a reconstruir el rostro de un paciente después de un accidente de motocicleta. Las impresoras 3D también se han usado para crear prótesis. Quizás lo más sorprendente es el campo de la bioimpresión, que se centra en la posibilidad de imprimir en 3D órganos y tejidos, con muchos resultados prometedores hasta ahora. Las posibilidades de esta tecnología para aplicaciones de salud son infinitas y solo se volverán más complejas e impresionantes con el tiempo.

Si te da mucho asco la idea de imprimir tejidos, ¿qué tal gafas? Algunas compañías han comenzado a experimentar con la impresión 3D de monturas de gafas. Esto significa que puedes personalizar completamente tus gafas para que se ajusten a tu rostro, ya que cada par se imprime especialmente.

La impresión 3D también se ha usado para crear partes para coches y aviones. La impresión 3D en metal permite la producción rápida de partes complejas; estas partes a menudo pueden ser diseñadas para ser más ligeras que sus contrapartes tradicionales. Toyota está experimentando con interiores impresos en 3D, y muchas empresas emergentes y grupos de investigación están trabajando o han creado coches hechos en gran parte o en su totalidad a partir de partes impresas en 3D (bueno, excepto por algunas partes como los neumáticos). Estoy particularmente emocionado por un coche producido por la Universidad Tecnológica de Nanyang en Singapur que es parcialmente solar. Y una compañía estadounidense llamada Local Motors ha producido Olli, un autobús lanzadera completamente autónomo e impreso en 3D que ya se ha desplegado en campus universitarios y de negocios y en calles públicas en los EE. UU., Italia y Arabia Saudita. Actualmente, estos vehículos generalmente no están disponibles para la compra pública, aunque esperamos que lo estén pronto. Mientras tanto, se predice que el mercado de coches impresos en 3D crecerá hasta convertirse en una industria de 5.3 mil millones de dólares para 2023.

Los museos han encontrado útil la impresión 3D para crear réplicas de objetos en sus colecciones; estas réplicas se usan para estudio, para crear materiales de embalaje personalizados cuando los objetos tienen que ser movidos, y más. Una aplicación interesante es permitir que los visitantes del museo con discapacidad visual interactúen con una réplica de estas piezas tocándolas, algo que no se les permitiría hacer con una estatua de mil años de antigüedad. Anteriormente, crear réplicas de objetos involucraba la creación de un molde, lo que podría dañar superficies delicadas; pero escanear y luego imprimir en 3D estos objetos permite a los museos mantenerlos seguros.

La impresión 3D incluso ha llegado al ámbito de la comida: las impresoras 3D se han usado para crear carne vegana, y la NASA está investigando la impresión 3D de alimentos para astronautas. Y por supuesto, las posibilidades para presentaciones creativas de alimentos son infinitas.

¿Mi aplicación inusual favorita para la impresión 3D? Edificios. Impresoras 3D grandes y especializadas pueden colocar capas de concreto, una a la vez, para crear una casa por $10,000 USD o menos en cuestión de días. Este método ha creado hogares en todo el mundo, incluyendo toda una comunidad de casas para familias de bajos ingresos en México, así como hoteles, escuelas y oficinas. Aunque este es todavía un método de construcción inusual, algunas compañías están haciendo todo lo posible para avanzar, y algunas de estas casas en todo el mundo ya están disponibles para la compra, en caso de que te guste una casa del futuro.

Cuando la mayoría de nosotros escuchamos el término "impresora 3D", sin embargo, generalmente pensamos en impresoras 3D de consumo, destinadas para uso en casa por aficionados; estas son relativamente baratas y generalmente lo suficientemente pequeñas como para ponerlas en la mesa de tu cocina. Estas son las impresoras de las que vamos a hablar en este libro, y son un desarrollo relativamente reciente. La idea de la impresión 3D realmente se coló en la conciencia pública hacia el final de la primera década de los 2000. En 2010, una compañía llamada Makerbot se convirtió en la primera compañía en exhibir una impresora 3D (la Cupcake CNC) en el Consumer Electronics Show. Después de eso, comenzaron a estar disponibles más impresoras 3D de consumo, muchas de ellas financiadas inicialmente a través de Kickstarter.

A partir de ahí, se ha vuelto cada vez más popular como un pasatiempo. Ahora hay numerosas impresoras 3D de consumo disponibles a una variedad de precios. La comunidad en línea que rodea a las impresoras 3D crece cada día. ¡Así que nunca ha habido un mejor momento para entrar en la impresión 3D!

¿QUÉ TECNOLOGÍAS DE IMPRESIÓN EXISTEN?

Como mencioné, existen muchas tecnologías de impresión diferentes: diferentes máquinas, diferentes procesos y diferentes materiales. En este libro, nos vamos a centrar en una llamada FDM.

FDM

Para el tipo de impresoras 3D de consumo de las que estamos hablando, la tecnología más común es la modelación por deposición fundida, o FDM. Aunque hay otras opciones disponibles, la facilidad de uso y la precisión del FDM lo han convertido en una opción popular para impresoras 3D de consumo.

(También a veces escucharás el término "fabricación con filamento fundido" o FFF. Una empresa llamada Stratasys tiene una marca registrada sobre el término "modelación por deposición fundida". Sin embargo, su patente sobre la tecnología expiró en 2009, por lo que Makerbot pudo crear su primera impresora 3D de consumo ese año. Esa impresora, como habrás adivinado, empleaba la tecnología FDM.)

Definición: *FDM* es una tecnología de impresión 3D que implica un material termoplástico extruido a través de una boquilla en un cabezal de impresión. El cabezal de impresión es controlado por una computadora y deposita el material una capa a la vez en la cama de impresión para construir el producto final.

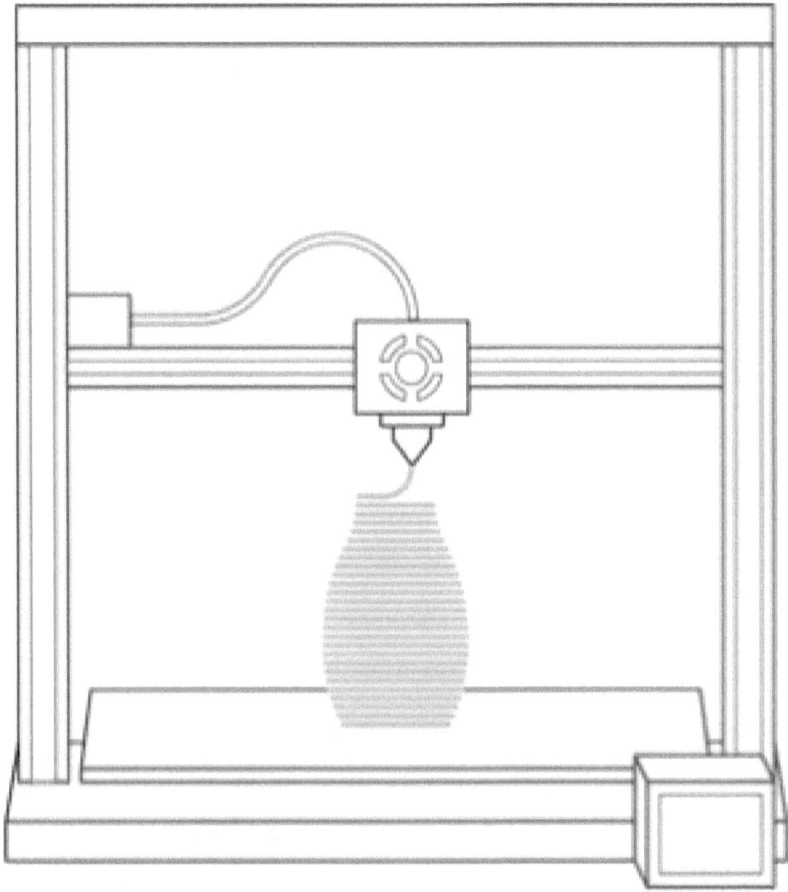

Modelado por Deposición de Material Fundido
(FDM)

Definición: *Termoplástico* se refiere a un material de polímero plástico que se vuelve maleable cuando se calienta pero se solidifica cuando se enfría.

Definición: *La cama de impresión*, también conocida como superficie de construcción, plataforma de construcción o placa de construcción, es la superficie plana sobre la que se deposita el material termoplástico.

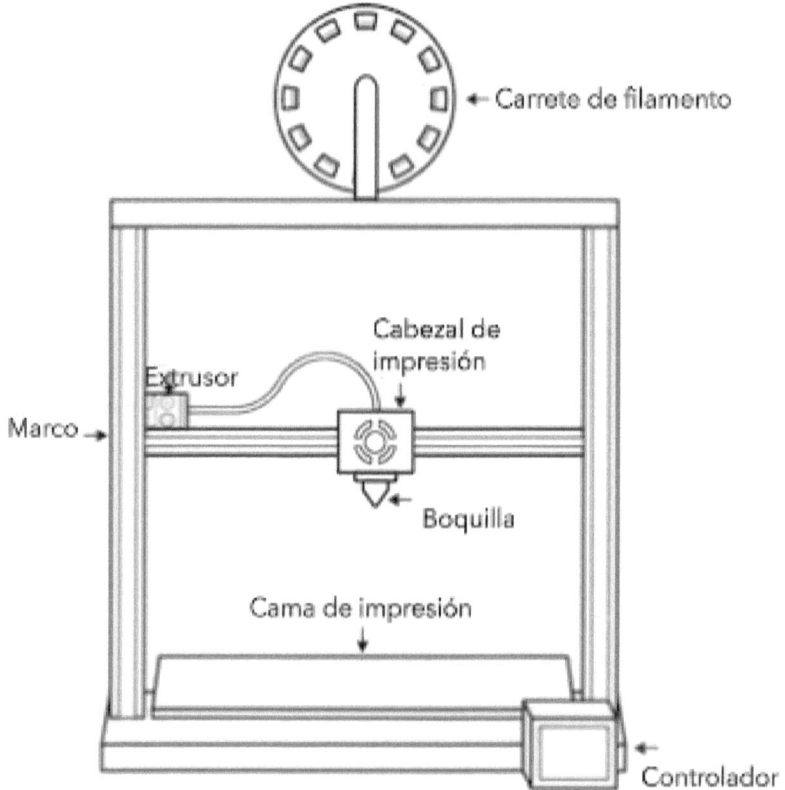

Partes de una impresora 3D

Así que, para desglosarlo en pasos fáciles de digerir:

- Empiezas con un material termoplástico en forma de un filamento continuo largo, como una cuerda, generalmente almacenado en un carrete.
- El filamento se alimenta a través de un extrusor hasta el cabezal de impresión. En el cabezal de impresión hay una boquilla, donde el filamento se calienta hasta volverse blando y luego se extruye.

- El cabezal de impresión se mueve según las instrucciones que le has dado a través de un archivo de computadora (usando un lenguaje llamado G-code), depositando una sola capa del material en la cama de impresión.
- Una vez que se completa una capa, la impresora comienza a colocar una segunda capa. Después de ser depositado, el material caliente se enfría, fusionándose con la capa debajo: de ahí el nombre "modelación por deposición fundida".

El tiempo que esto toma variará según el tamaño y la complejidad del objeto; puede llevar minutos, horas o, para objetos particularmente complicados y de alta calidad, días.

Otras tecnologías de impresión

Existen muchas otras opciones, a menudo involucrando materiales especiales y láseres especiales (y impresoras muy costosas). Para las impresoras 3D de consumo, después del FDM, la tecnología más popular es probablemente la resina.

Definición: *La impresión en resina* es una tecnología de impresión 3D donde una pantalla LCD se utiliza para endurecer una resina especial en capas sobre una cama de impresión.

La impresión en resina es un proceso completamente diferente del FDM. Involucra una cubeta de una resina especial con una pantalla LCD debajo. Una cama de impresión se baja a la cubeta, y la pantalla LCD proyecta la forma deseada de la primera capa del objeto. Esto hace que la resina se endurezca en la cama de impresión con esa forma. Luego, al igual que con la impresión FDM, este proceso se repite una y otra vez para construir el objeto en una serie de capas.

Debido a que es un proceso tan diferente del FDM, no lo vamos a cubrir en este libro. Lo menciono en parte porque es bueno saber lo que hay por ahí—algunas personas pasan de la impresión FDM a la impresión en resina—y en parte porque a veces puedes escuchar sobre objetos impresos en 3D que necesitan tiempo para curarse bajo una luz especial. Estoy aquí para asegurarte que esto solo es cierto para los objetos impresos en resina, no para los objetos impresos en FDM.

¿POR QUÉ INICIARSE EN LA IMPRESIÓN 3D?

Tengo una respuesta fácil a esta pregunta: ¡porque es un buen momento! La impresión 3D es un gran pasatiempo para cualquier persona a la que le gusten los nuevos gadgets y la tecnología, a la que le guste experimentar, a la que le guste crear cosas.

Algunas personas se inician en la impresión 3D estrictamente por diversión, porque les gusta averiguar cómo hacer que las cosas funcionen. Otras personas imprimen objetos útiles que realmente usarán o regalarán o exhibirán en la casa; mi cuñado una vez me sorprendió con cortadores de galletas en la forma de mi cara.

La impresión 3D es extremadamente popular entre los entusiastas de los juegos de mesa y los juegos de rol: puedes usar tu impresora para crear miniaturas o accesorios para juegos de mesa. De hecho, un creador cuyo trabajo me encanta es Ristow Designs (ristowdesigns.com, o visita su página de Etsy), que hace accesorios increíbles para Settlers of Catan, incluyendo vasos para piezas, portatarjetas y tableros completos hechos de hexágonos modulares magnéticos para facilitar el juego y prolongar la vida de las fichas. Me encanta eso como ejemplo de usar la impresión 3D para hacer que las cosas funcionen un poco mejor.

IMPRESIÓN 3D: LO QUE NECESITAS SABER

Otro creador, YoCo Art, lleva la impresión 3D a otro nivel al hacer piezas de arte asequibles y decoraciones para el hogar que pueden personalizarse en diferentes estilos y colores.

Los cosplayers y los entusiastas de Halloween a menudo imprimen en 3D accesorios y complementos para disfraces; esto permite un nivel de precisión y durabilidad que sería difícil de alcanzar si solo intentas tallar el artículo en espuma de poliestireno.

Mi amiga de YoCo Art, (https://www.etsy.com/shop/YoCoArt?), utiliza la impresión 3D para diseñar artículos de decoración para el hogar, que incluyen piezas personalizadas, esculturas, decoraciones de pared, macetas y otros elementos decorativos.

Construir tus propios droides es una actividad popular para los fanáticos de Star Wars, con muchos proyectos que involucran partes impresas en 3D; ¡imagina llegar a una fiesta del 4 de mayo con una réplica de tamaño real de R2-D2! (Hacer que se mueva y haga ruido, sin embargo, es un conjunto de habilidades completamente diferente con el que no podría ayudarte en absoluto).

Comprar una impresora 3D también es una excelente manera de entusiasmar a un niño o adolescente con la invención, el diseño y la ingeniería. ¿Qué podría ser mejor para interesar a un niño en la tecnología que permitirle elegir un diseño para un juguete y luego hacer que lo vea aparecer ante sus propios ojos? Y hay otros beneficios también; me encanta esta cita de Joel Leonard:

"Los niños aprenden no solo a diseñar y producir nuevos artículos.

También aprenden a cuidar y mantener equipos. Esos conjuntos de habilidades pueden transferirse a numerosas ocupaciones lucrativas, incluida la ingeniería de confiabilidad, donde tenemos una tremenda necesidad y potencial de crecimiento."

—JOEL LEONARD, EL CREADOR DE LOS CREADORES. MAKESBORO USA

Hablando de habilidades útiles, las impresoras 3D pueden ser una gran herramienta educativa. En un artículo de Torrey Trust y Robert W. Maloy ("¿Por qué imprimir en 3D? Las habilidades del siglo XXI que los estudiantes desarrollan al participar en proyectos de impresión 3D"), los profesores informaron que los estudiantes que usaron impresoras 3D como parte del aprendizaje en el aula desarrollaron una serie de habilidades útiles, incluidas la creatividad, la alfabetización tecnológica, la resolución de problemas, el aprendizaje autodirigido, el pensamiento crítico y la perseverancia. La impresión 3D en el aula podría abrir los ojos de los estudiantes a un mundo completamente nuevo de ingeniería, diseño y tecnología.

¡Pero la impresión 3D no tiene que ser solo para la educación y el entretenimiento! Muchas personas han encontrado formas de ganar dinero con la impresión 3D. Una búsqueda rápida de "impresión 3D" en Etsy muestra cientos de miles de productos a la venta, que incluyen desde platos personalizados para comida de perros hasta joyas y bustos de personas famosas. Tengo un amigo que obtuvo la licencia de los personajes de un programa de televisión, creó figuras de acción de ellos y configuró un sitio web para venderlos en línea. Algunas personas también realizan impresiones personalizadas para clientes que no tienen sus propias impresoras 3D. Por supuesto, necesitarías una impresora bastante decente para esto, pero si tienes una, podrías comenzar a publicitar en línea y buscar personas que estén dispuestas a contratar tus servicios de impresión.

Como puedes ver, la impresión 3D puede hacerse por diversión, por educación y por lucro. Y cuando te involucras, puedes encontrarte en un mundo de "creadores": personas como tú que disfrutan explorando nuevas ideas y tecnologías, que les gusta empujar los límites de lo que es posible y explorar nuevas aplicaciones para la tecnología, que les gusta crear. Una de las cosas que realmente amo sobre los entusiastas de la impresión 3D y los creadores en general, es la disposición a compartir; muchas tecnologías y proyectos de impresión 3D son de código abierto y están basados en hardware abierto. De hecho, el proyecto que realmente emocionó a muchas personas sobre las impresoras 3D personales, el proyecto RepRap, fue un proyecto de diseño abierto. Todos somos experimentadores, y queremos ayudarte a experimentar también. ¡Así que abraza el espíritu DIY y únete a nosotros!

¿ASÍ QUE LA IMPRESIÓN 3D ES FÁCIL, VERDAD?

Este es un buen lugar para detenernos y darte una advertencia amistosa y gentil. La impresión 3D no es, de hecho, fácil. Hay un arte y una ciencia en ello, y te tomará un poco de esfuerzo de tu parte descubrir cómo usar mejor esta pieza de maquinaria compleja y crear productos finales de alta calidad.

La impresión 3D es un gran pasatiempo para las personas a las que les gusta trastear con cosas. Si te gustan los gadgets y la nueva tecnología, si te gusta jugar con las cosas para descubrir cómo hacerlas funcionar, ¡te encantará esto! Pero si te estás metiendo en la impresión 3D puramente para crear macetas de suculentas con forma de pulpo para vender en Etsy, una palabra de advertencia: no vas a comprar una impresora 3D, configurarla y comenzar inmediatamente a producir productos perfectos. Sería genial si funcionara de esta manera, pero simplemente no es así. Si no estás seguro de que te gusta la idea de jugar con un nuevo gadget y descubrir cómo funciona, si estás súper enfocado en obtener un gran producto final lo antes posible, podrías encontrar muy frustrante el primer tiempo de posesión de tu impresora. Y tal vez, solo tal vez, este pasatiempo no es para ti.

Pero si te gusta la idea de experimentar y jugar, ¡te encantará la impresión 3D! Estoy emocionado de que comiences por este camino y aprendas lo divertido que puede ser tener una impresora 3D.

Aquí tienes algunos consejos para comenzar.

Ten expectativas realistas

Incluso si cometes errores, ¡está bien! No te desanimes si tus primeras impresiones no salen bien. De hecho, al igual que el proverbial primer panqueque, probablemente tus primeras impresiones no saldrán bien. Espera desperdiciar un poco de filamento y pasar los primeros días simplemente jugando. ¡Disfruta el proceso! ¡Disfruta las cosas que estás aprendiendo! Y no te rindas cuando las cosas no salgan bien al principio.

Obtén apoyo

Hay una gran comunidad en línea de creadores y personas que están muy emocionadas por la impresión 3D. Podrías considerar unirte a un grupo en Facebook o en otro lugar en línea. Obtendrás mucho ánimo, muchas buenas ideas y, sobre todo, tendrás personas a las que recurrir cuando tengas un problema que no puedas resolver. Todos en estos grupos alguna vez estuvieron donde tú estás ahora; tuvieron los mismos problemas al comenzar. Incluso puedes encontrar grupos en línea donde las personas usan la misma impresora que tú, lo que los hace especialmente útiles como sistema de apoyo.

También, revisa YouTube; encontrarás más videos dando consejos sobre impresoras 3D de los que puedes agitar un palo impreso en 3D. ¿No hay algo en ver algo en acción que realmente ayuda a entenderlo?

Emociónate

Este es un pasatiempo para entusiastas; por lo tanto, necesitas ser un entusiasta para realmente sacarle mucho provecho a este pasatiempo. Tomará tiempo, esfuerzo, resolución de problemas y resolución de problemas, y ocasionalmente querrás arrancarte el cabello cuando una impresión falle tres horas después y no tengas idea de por qué.

¡Pero vale la pena! Vale mucho la pena, como una manera de divertirse, ejercitar tu creatividad, aumentar tu conocimiento tecnológico y crear cosas divertidas, hermosas, tontas o útiles. Amarás este pasatiempo cuando te metas en él. Y aunque al principio pueda parecer un poco desconcertante, ¡lo descubrirás! Lee este libro, haz tu investigación, mira algunos videos, nivela tu cama de impresión y te irá bien.

HAZLO BIEN EN 3 PASOS

¿Quieres asegurarte de empezar tu impresión 3D con buen pie? Tengo tres pasos que me gusta recomendar a los principiantes para aumentar sus posibilidades de éxito.

- Elige la impresora adecuada
- Elige los materiales adecuados
- Elige los accesorios adecuados

Eso es de lo que vamos a hablar en los siguientes capítulos. Después de eso, realizaremos tu primer trabajo de impresión. Finalmente, te daré algunos errores comunes y cómo evitarlos.

Entonces, ¿te sientes preparado y emocionado? Entonces empecemos.

MODELOS DE IMPRESORAS 3D QUE DEBERÍAS CONSIDERAR

Obviamente, lo primero que debes hacer antes de poder imprimir en 3D cualquier cosa es elegir una impresora 3D. Tal vez ya hayas mirado y te hayas quedado desconcertado por la amplia variedad de impresoras disponibles, y la amplia variedad de precios que podrías pagar por ellas. Afortunadamente, tienes a alguien que te guíe en la elección de una impresora (pista: soy yo).

Pero antes de que puedas tomar esa decisión, necesitas pensar en tu propósito para la impresión 3D. Porque hay mucha variación en lo que las impresoras 3D de consumo pueden hacer, ¿verdad? Variarán en precio, facilidad de uso, personalización, calidad y una serie de otros factores, y como con muchas cosas, habrá compensaciones. Si quieres la impresora más barata posible, los objetos que produce probablemente no tendrán la misma calidad que obtendrías con una impresora mucho mejor.

Entonces necesitas decidir para qué quieres realmente esta impresora, para saber qué cualidades priorizar: si esto es algo que solo quieres hacer por diversión o para divertir y educar a tus hijos o estudiantes, probablemente puedas elegir una impresora más barata pero de menor calidad y estar bien. Por otro lado, si planeas crear modelos a escala del Arco del Triunfo para vender en Etsy, probablemente querrás una impresora que produzca mejores resultados para mantener a tus clientes felices.

Así que tómate un minuto y sé serio contigo mismo al decidir para qué quieres usar tu impresora, y luego sé aún más serio contigo mismo al echar un vistazo a tu presupuesto.

Y finalmente, ten en cuenta que la elección que hagas ahora no tiene que ser la elección que hagas para siempre. Como suele ser el caso, cuando compras algo que terminas usando mucho, puedes usarlo durante un tiempo y darte cuenta de que valoras ciertas características o habilidades más de lo que pensabas. Cuando eso suceda, es posible que puedas actualizar o mejorar la impresora que tienes (descubrir formas de mejorar una impresora es una ventaja de los diseños de código abierto que son constantemente modificados por una comunidad de creadores), pero también podrías comprar una nueva en ese momento. Normalmente no sabrás qué es lo más importante para ti al principio, por eso generalmente es mejor comenzar con una impresora confiable y asequible con una gran comunidad que la respalde. Puedes empezar ahí, mojarte los pies y luego probar algo nuevo en el futuro si quieres.

¿Entendido? Entonces, echemos un vistazo en profundidad a algunas de las consideraciones que necesitas tener en cuenta al elegir una impresora 3D.

COSAS A TENER EN CUENTA

Calidad de construcción

No todas las impresoras van a producir la misma calidad de productos.

Las impresoras más baratas a menudo te darán un nivel de detalle más bajo en el producto final. También es probable que sean menos confiables y duraderas a largo plazo. Entonces, nuevamente, si tu objetivo es solo experimentar, no te importará tanto. Pero si quieres una calidad realmente alta desde el principio, te costará un poco más.

Compatibilidad de Materiales

Vamos a hablar más adelante sobre los diferentes materiales de impresión que puedes elegir. Por ahora, solo debes tener en cuenta que diferentes materiales van a tener diferentes necesidades en cuanto a calefacción. Generalmente, las impresoras podrán trabajar con materiales muy comunes, como PLA o ABS. Pero no todas las impresoras van a funcionar con materiales más únicos que puedan requerir temperaturas muy altas. Y, como se mencionó antes, generalmente, los modelos más baratos tendrán menos capacidades en este aspecto.

Soporte

Aquí hablo sobre dos tipos de soporte: el soporte al cliente y el soporte de la comunidad. El soporte al cliente es esencial, por supuesto; quieres comprar de una empresa reputada que te ayudará si algo sale mal. Pero es igualmente importante comprar una impresora con mucho soporte comunitario. Cuanto más popular sea una impresora, más gente hablará de ella en línea, y más probable será que encuentres una comunidad dispuesta a ayudarte cuando tengas preguntas. Así que si estás considerando un modelo raro o poco común, ten en cuenta que estarás sacrificando algo de ese soporte comunitario. Al menos al principio, cuando apenas te estás iniciando en la impresión 3D, podría ser mejor optar por una impresora popular con muchas personas hablando de ella en línea.

TIPOS DE IMPRESORAS FDM

Para hacerlo lo más confuso posible, hay varios tipos diferentes de impresoras FDM. Las diferencias entre ellas tienden a girar en torno a la forma en que el cabezal de impresión se mueve para crear el producto final; como mencioné antes, a veces la cama de impresión también se mueve para ayudar en el proceso.

Varios de estos tipos de impresoras entran bajo la etiqueta de impresoras Cartesianas. Ahora, si eres bueno en matemáticas, o simplemente recuerdas tus clases de matemáticas en la escuela secundaria, tus oídos pueden haberse aguzado al escuchar el término "Cartesiana". Sí, este nombre es una referencia a las coordenadas cartesianas, un sistema en el cual la ubicación de un punto puede describirse mediante coordenadas numéricas que dan su distancia desde las líneas de referencia: los ejes x, y, y z.

Lo más probable es que, si puedes imaginar una impresora 3D en tu cabeza, estés imaginando una impresora cartesiana. Estas tienden a tener esa forma cuadrada familiar, con marcos con muchos ángulos rectos para que el cabezal de impresión pueda moverse fácilmente a lo largo de los ejes x, y y z.

Definición. *Impresora cartesiana:* Un tipo de impresora 3D donde el cabezal de impresión se dirige usando coordenadas cartesianas.

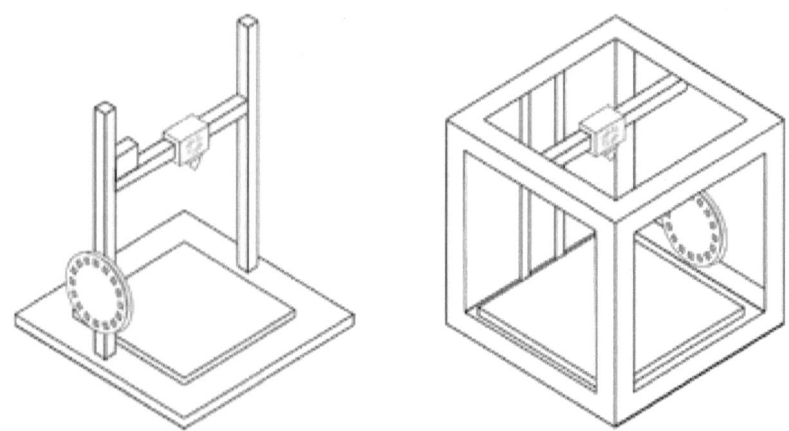

Estilos comunes de impresoras cartesianas abiertas (izquierda) y cerradas (derecha).

Estas vienen en algunas configuraciones diferentes. Generalmente, el cabezal de impresión está en un pórtico y puede moverse a lo largo de dos ejes, mientras que el tercer eje de movimiento proviene del movimiento de la cama de impresión. Puede ser abierta, como en la imagen de la izquierda, o completamente o parcialmente cerrada, como se muestra a la derecha.

Las impresoras cartesianas son el tipo más popular de impresoras 3D, lo que las convierte en una excelente opción para principiantes porque, al haber tantas personas que las poseen, encontrarás una gran cantidad de soporte e información en línea. Además, a menudo son bastante asequibles y fáciles de usar, por lo que las impresoras que recomiendo en este capítulo serán todas cartesianas.

Algunos tipos de estas impresoras cartesianas, como las impresoras H-bot y CoreXY, utilizan correas para mover el cabezal de impresión; en estas impresoras, a menudo la cama de impresión también se mueve hacia arriba y hacia abajo para incluir los tres ejes de movimiento. CoreXY, en particular, está causando sensación en la comunidad de impresión 3D, ya que tienden a ser bastante precisas y estables; el sistema de correas único lleva a menos vibraciones.

Hay otros tipos de impresoras únicos pero menos comunes, como SCARA, que utiliza un cabezal de impresión en un brazo robótico, o delta, un dispositivo con aspecto de ciencia ficción donde el cabezal de impresión está suspendido de tres brazos que se pueden mover hacia arriba y hacia abajo en diferentes configuraciones para mover el cabezal de impresión a cualquier lugar necesario. Un espécimen particularmente único son las impresoras de cinta, donde la cama de impresión es una cinta transportadora. Esto significa que si mantuvieras la cinta transportadora en movimiento y no te quedaras sin filamento, podrías, en teoría, imprimir en 3D algo que mida kilómetros de largo.

Hay un último tipo de impresora que es completamente diferente de lo que hemos hablado hasta ahora; estas son las impresoras polares, y en lugar de coordenadas cartesianas, utilizan coordenadas polares. También tienen el cabezal de impresión en un solo brazo y emplean una cama de impresión giratoria. No son muy comunes, ¡pero definitivamente son interesantes de ver en acción!

Un poco de ensamblaje requerido

Hay una última cosa que necesitamos hablar antes de poder pasar a las impresoras individuales: ¿cuánto ensamblaje quieres hacer?

Como mencioné antes, el mundo de la impresión 3D se trata de esa actitud de hazlo tú mismo, de ensuciarse las manos. Entonces, algunas personas realmente quieren jugar con la impresora; quieren estar hasta los codos en los engranajes, metafóricos o literales, de sus máquinas. Si eso te interesa, puedes encontrar impresoras que son completamente de código abierto, de hardware abierto y personalizables; estas impresoras están diseñadas para que las manipules. También tienden a usar software de código abierto.

Muchas de estas impresoras son descendientes de ese proyecto original de RepRap que mencioné anteriormente. Dato curioso: "RepRap" significa "prototipador rápido replicante", porque la idea original, iniciada por el Dr. Adrian Bowyer en la Universidad de Bath, era crear una impresora 3D de bajo costo que pudiera producir algunas de sus propias piezas, replicándose a sí misma. Puedes usar una impresora 3D para imprimir en 3D una impresora 3D. Piénsalo y maravíllate... o entra en pánico por el inevitable auge de las máquinas. ¡O ambas cosas!

Sin embargo, ese tipo de cosas no es para todos, así que te puede alegrar saber que también hay impresoras que están listas para usar fuera de la caja, requiriendo poco o nada de ensamblaje. Son un poco menos abiertas, un poco menos personalizables, pero también suelen ser un poco más fáciles de usar.

Así que toma nota de lo que quieres aquí: ¿quieres poder personalizar tu impresora? ¿Te gusta poder abrir cosas y ver cómo funcionan? ¿O prefieres que las cosas funcionen directamente al sacarlas de la caja? Mantén la respuesta a esa pregunta en mente mientras avanzamos en el resto de este capítulo.

Ahora que tienes una buena base sobre la tecnología de impresión FDM y los diferentes factores que pueden afectar tu decisión de compra, empecemos a hablar sobre las impresoras que podrías considerar para tu uso personal.

ALGUNAS IMPRESORAS A CONSIDERAR

Vamos a hablar de algunas categorías diferentes de impresoras aquí, terminando con mis favoritas personales.

Las más asequibles

Primero lo primero: siempre ten en cuenta en lo que te estás metiendo cuando haces de los precios más bajos tu criterio número uno para tomar una decisión de compra. En muchos casos y muchos campos, comprar equipo barato se convierte en una profecía autocumplida: piensas, "No sé cuán en serio voy a tomar la impresión 3D (o la fotografía, o aprender a tocar el violín)", así que compras la impresora 3D más barata posible (o cámara, o violín). Debido a que tienes equipo barato, encuentras que el proceso de usarlo es menos agradable, y produce resultados mediocres. Te desanimas porque tus impresiones 3D (o tus fotografías, o tus sonatas) no son muy buenas, y pierdes interés en tu nuevo hobby y lo abandonas. Y luego piensas para ti mismo: "Menos mal que no desperdicié dinero comprando equipo bueno".

Obviamente, a veces ir por lo barato es la única opción viable. Pero me gustaría recomendarte que, cuando sea posible, inviertas un poco más para conseguir la mejor impresora 3D que puedas. Piénsalo como una inversión en tu disfrute futuro. ¿No preferirías pagar un poco más por adelantado que comprar una impresora barata y luego, tres meses después, tener que comprar otra cuando te des cuenta de que la barata no puede hacer lo que quieres? Especialmente cuando la diferencia entre una buena impresora y una mala puede ser tan solo $100 USD o menos.

Dicho esto, a veces, por diversas razones, las impresoras baratas son la mejor opción. ¡Y afortunadamente tienes algunas opciones asequibles!

Una de las empresas que deberías considerar es Anet, una empresa china que vende kits de impresoras asequibles. Anet ofrece dos líneas de productos, la línea A y la línea ET. Aunque cuesta un poco más que la línea ET, voy a recomendar el A8 Plus, que muchas personas están de acuerdo en que es una de las mejores impresoras que puedes conseguir en su rango de precio (en la redacción actual, esta impresora cuesta un poco más de $200 USD en su sitio web, aunque puedes encontrar ofertas bastante baratas si buscas un poco en línea).

Esta impresora tiene el diseño abierto común que mencioné antes, donde la cabeza de impresión está montada en un arco o marco sobre la plataforma de impresión, y todos los lados de la plataforma de impresión están abiertos. Esto significa que tienes un volumen de construcción bastante grande (220 x 220 x 240 mm) en comparación con otros modelos baratos (en particular, muchas impresoras en este rango de precio son "mini" impresoras, como podrías suponer por el nombre, son bastante pequeñas). También tiene una plataforma de impresión calefactada, lo cual es común en puntos de precio más altos pero no está garantizado en una impresora tan económica, así que eso es bastante bueno. (Hablaremos más sobre la adherencia a la plataforma más tarde, pero solo ten en cuenta que una plataforma de impresión calefactada es genial, especialmente si tu material de impresión es ABS).

En cuanto a la calidad de impresión, la mayoría está de acuerdo en que esta impresora se desempeña bastante bien directamente de la caja, pero puedes obtener resultados bastante decentes una vez que comienzas a jugar con los ajustes. Y una gran ventaja de este A8 Plus es que los modelos de Anet son bastante populares, así que encontrarás soporte en línea, videos y grupos en Facebook.

Bien, eso es suficiente como introducción. Antes de hablar de lo que no es bueno, hablemos de lo que podría ser bueno o malo, dependiendo de cómo te sientas: el A8 Plus es un kit y tendrás que ensamblarlo completamente tú mismo. Los usuarios informan que esto puede llevar desde 6 horas hasta varios días, dependiendo de su nivel de conocimientos técnicos. A lo mejor te gusta esto si eres una persona técnica; es una excelente manera de entender cómo funcionan las impresoras 3D para que en el futuro puedas actualizarlas y solucionar problemas fácilmente. Por otro lado, esto podría ser un poco abrumador para un principiante.

Finalmente, lo que no es bueno: bueno, es una impresora barata. El marco está hecho de acrílico, no de metal, lo que significa que no será la impresora más estable y resistente, lo que puede llevar a impresiones deficientes debido a una menor estabilidad (la mayoría de las impresoras por encima de este punto de precio tienen marcos de metal). Algunos usuarios imprimen soportes y piezas adicionales para estabilizar sus impresoras A8 Plus.

El diseño tiene algunos defectos, incluidos componentes electrónicos expuestos, y puede tener problemas de sobrecalentamiento, a veces graves. Muchos usuarios solucionan estos problemas actualizando el firmware y el hardware. Tampoco tiene nivelación automática de la plataforma, algo de lo que hablaremos más adelante. Y finalmente, y esto no es una crítica particular al A8 Plus, porque muchos impresoras tienen este problema, el diseño abierto junto con la plataforma de impresión calefactada podría ser un problema si tienes niños pequeños en casa que podrían querer agarrar cosas que podrían quemarlos.

Entonces, si tienes ese espíritu de bricolaje y esa actitud de "sí se puede", y estás dispuesto a hacer el ensamblaje y realizar las actualizaciones necesarias, esta puede ser una gran impresora económica para ti. Si no quieres hacer tanto ensamblaje y actualización, sin embargo, quizás quieras seguir buscando.

La más fácil de usar

Tal vez leíste esa última sección y pensaste: "No quiero hacer casi tanto ensamblaje y actualización; quiero abrir la caja y empezar". Bueno, en ese caso, primero te diría que estar dispuesto a hacer actualizaciones y ensamblajes, estar dispuesto a ensuciarte las manos, será una excelente elección a largo plazo. Aprenderás cómo funcionan las impresoras 3D y estarás listo para realizar las actualizaciones necesarias para hacer que tu impresora 3D sea aún mejor.

Pero lo entiendo: esta es tu primera impresora 3D y quieres aprender a imprimir en 3D antes de sumergirte en los detalles esotéricos. Totalmente comprensible. En ese caso, para una experiencia verdaderamente amigable para el usuario, deberías considerar la **Flashforge Adventurer 3**. Con esta impresora, la cabeza de impresión y la plataforma de impresión están cerradas (que esté cerrada es una ventaja si te preocupa que los niños se quemen con una plataforma de impresión caliente).

La Flashforge Adventurer 3 es básicamente lo opuesto al A8 Plus. Está diseñada para ser lo más fácil de usar posible: llega completamente ensamblada y lista para funcionar, por lo que estarás imprimiendo poco después de abrir la caja. Es ordenada y completamente cerrada, y viene con una cámara para que puedas observar el proceso desde tu computadora.

La cabeza de impresión es desmontable, y la plataforma de impresión calefactada es flexible, lo que significa que es fácil quitar el producto final de ella: simplemente flexiona un poco la plataforma y ¡saldrá fácilmente!

Esta impresora también funciona bastante silenciosamente, y la calidad de impresión es bastante buena.

Esto suena bastante bien, ¿verdad? Entonces, ¿cuál es la trampa? Bueno, hay un par. El volumen de construcción es pequeño desde el principio: 150 x 150 x 150 mm, mientras que el A8 Plus es de 220 x 220 x 240 mm, y el Creality 10s, del que hablaremos más adelante, presume con unos impresionantes 300 x 300 x 400 mm. El precio también podría hacerte pensarlo dos veces; te costarán entre $400 y $500 USD.

Y por último, el hecho de que esta impresora sea un paquete tan compacto y autosuficiente podría considerarse una desventaja; es prácticamente un sistema cerrado y no puedes modificar o mejorarla como sí puedes hacerlo con muchas otras impresoras.

Entonces: excelente si buscas algo fácil de usar y confiable; menos excelente si esperabas poder trastear con ella. Así que si te encuentras en la primera categoría, esta podría ser una excelente opción para ti.

Mejor impresora profesional

Y ahora algo completamente diferente: quizás lo quieras todo. Quizás busques el volumen de construcción, la calidad, la confiabilidad. Quizás quieras algo de calidad profesional y estés dispuesto a pagar mucho para obtenerlo.

En ese caso, ¿puedo recomendarte la **Raise 3D Pro2**? Este es un monstruo de dispositivo con muchas características de alta gama; como su nombre sugiere, es adecuado para aplicaciones profesionales. Presenta un diseño cerrado y robusto, pero a diferencia del Flashforge Adventurer 3, esto no significa un volumen de construcción más pequeño: presume una impresionante capacidad de 305 x 305 x 300 mm. Como con cualquier impresora en este rango de precios, la cama de impresión está calentada, y la impresora puede manejar una amplia variedad de materiales de impresión. ¡Si se corta la energía a mitad de la impresión, no todo está perdido; reanudará el trabajo de impresión cuando la energía vuelva! (Y cuando los trabajos de impresión complejos pueden durar días, esa es una característica vitalmente importante). Es fácil de usar y es rápida.

Una característica realmente interesante que aún no hemos visto en nuestro recorrido por las impresoras es la extrusión dual: la cabeza de impresión tiene dos boquillas. "Ahora, ¿por qué," podrías preguntar, "querría yo dos boquillas?" Hay dos razones principales: uno, podrías usarlo para crear diseños de dos colores.

Dos, podrías usarlo para crear diseños con dos materiales diferentes. Esto es excelente si necesitas imprimir estructuras de soporte: a veces, tus impresiones tendrán voladizos y puentes, y para evitar que la parte sobresaliente se caiga, necesitarás incluir estructuras de soporte que sostengan la pieza desde abajo; luego puedes retirar las estructuras de soporte cuando la impresión esté terminada. Pero quitarlas puede ser complicado, especialmente si estás tratando de hacer que no se note que alguna vez hubo estructuras de soporte. Una solución: usa una de las boquillas duales para imprimir estructuras de soporte con un material como HIPS, que luego se puede disolver fácilmente en una sustancia llamada limoneno. Bastante útil, ¿verdad?

Entonces, ¿cuál es el inconveniente del Pro2? Eso debería ser obvio: el precio. Es posible que no estés listo para gastar varios miles en una impresora 3D, y no te culpo si no lo estás. Pero si estás dispuesto a gastar el dinero, y especialmente si quieres usar tu impresora en cualquier tipo de aplicación industrial profesional, esta es una excelente elección.

ALGUNAS DE MIS FAVORITAS

He tenido cinco impresoras 3D en mi tiempo. Creo que cada una de ellas tiene características excelentes y cada una podría ser la elección correcta para ciertas personas.

Artillery X1

Artillery es una empresa relativamente nueva, pero han lanzado una impresora respetable por menos de $500 USD en la Artillery X1. Viene preensamblada y hace un buen trabajo de impresión. Es confiable, con una cama de buen tamaño (300 x 300 x 400 mm) y funciona muy silenciosamente. Sin embargo, la cama de impresión se calienta de manera desigual y algunos usuarios han reportado preocupaciones sobre la fiabilidad a largo plazo de la electrónica y el cableado. Sin embargo, hasta ahora, soy fan de esta impresora.

Anycubic Mega Pro

Otra impresora que tengo es la Anycubic Mega Pro. Es una de las impresoras más económicas de las que hemos hablado en esta página, y al momento de escribir esto, cuesta menos de $400 USD. Tiene un factor de forma muy similar al del A8 Plus que discutimos antes; incluso tiene un volumen de construcción similar, de 210 x 210 x 205 mm. Tiene muchas características útiles, como un sensor que detecta cuando estás a punto de quedarte sin filamento, lo cual es genial en este rango de precios. Es una máquina excelente tal como viene, y la creciente comunidad de fans en línea puede ofrecerte ideas para mejoras que hagan la experiencia aún mejor.

Lo que hace que estas impresoras sean tan notables es el hecho de que también sirven como grabadoras láser. Simplemente cambia el cabezal de impresión por el accesorio de grabado, coloca el artículo que deseas grabar en la cama de impresión ¡y listo!

El gran inconveniente, si no te apetece ensuciarte las manos, es que esta impresora requiere que la ensambles tú mismo. Aún así, si te ves queriendo grabar cosas, esta es una excelente herramienta 2 en 1.

Prusa i3

Una de las mejores impresoras que tengo es la Prusa i3, y no soy el único en cantar sus alabanzas. Esta empresa ha tenido una influencia enorme en la última década; sus diseños Mendel de código abierto, particularmente la versión i3, son los antecesores de muchas de las impresoras 3D de consumo que vemos hoy en día. (Mira una foto del i3 original y luego compárala con casi cualquiera de las impresoras de las que hemos hablado hasta ahora, y verás el parecido familiar). La empresa lanzó la primera impresora i3 en 2012, cerca de su fundación, y realmente cambió el juego.

Desde aquel primer lanzamiento, el diseño original i3 se ha perfeccionado casi hasta la perfección, y tiene los premios y reconocimientos para probarlo. La versión más reciente es la i3 MK3S+ (un nombre bastante largo, lo sé), y tiene una serie de características útiles, como una cama de impresión calentada, un sensor de bajo filamento, la capacidad de reanudar la impresión si se interrumpe la energía y una función que llaman nivelación de cama por malla, donde la impresora intentará compensar las imperfecciones en la cama de impresión. También viene con láminas de impresión removibles en varias texturas, lo que facilita quitar el producto final.

Es consistente, es confiable, los productos finales lucen geniales y es una bestia de trabajo: simplemente sigue funcionando y funcionando.

Entonces, ¿cuáles son los inconvenientes? Bueno, no es el más barato, con impresoras preensambladas que rondan los $1000 USD. Puedes bajar ese precio a $750 USD si estás dispuesto a ensamblarlo tú mismo. También encontrarás que el volumen de construcción es solo promedio, de 250 x 210 x 210 mm.

Aún así, la Prusa i3 es un clásico, y hay una razón para ello. Si estás dispuesto a desembolsar un poco más de dinero, esta es una impresora fantástica.

Creality 10s Pro V2

Más caro que los modelos económicos que hemos estado discutiendo pero más barato que el Prusa i3, el **Creality 10s Pro V2** es un robusto y confiable caballo de batalla. Ya mencioné su gran volumen de construcción: 300 x 300 x 400 mm debido a su diseño abierto. Tiene las características que esperarías en este rango de precios: cama de impresión caliente, construcción metálica robusta, capacidad para usar una variedad de materiales, sensor de bajo filamento, la habilidad de reanudar una impresión después de un corte de energía, y algunas nuevas características divertidas como el auto nivelado en 3D (y si alguna vez has tenido que nivelar manualmente una cama de impresión, sabrás que no es algo insignificante). Funciona silenciosamente y los productos finales lucen excelentes.

El Creality 10s Pro V2 también viene en su mayoría ensamblado; solo necesitas montar el puente, enchufar algunos cables ¡y listo para empezar!

¿Cuáles son las desventajas? Bueno, no es el más barato y otros usuarios han comentado sobre la falta de buena documentación, aunque su soporte al cliente es excelente. También he visto que algunos usuarios se quejan de que puede ser un poco difícil despegar el producto final de la cama de impresión.

Pero realmente, vale la pena lidiar con esto por una impresora tan buena. Simplemente funciona.

Ender 3 Pro

Mi última impresora 3D también es fabricada por Creality; es la **Ender 3 Pro** y definitivamente está cerca del tope de mi lista. Y no soy solo yo; esta es una impresora popular y es ampliamente recomendada por muchas personas como una de las mejores impresoras para principiantes. Es simplemente un equilibrio perfecto entre precio y rendimiento, alrededor de $300 USD; si no tienes mucho dinero para gastar, esta impresora te dará mucho por tu dinero.

Tiene la lista habitual de características en este rango de precios: construcción robusta, cama de impresión caliente y un volumen de construcción decente de 220 x 220 x 500 mm, debido a ese familiar diseño Prusa i3. La cama de impresión tiene una capa magnética que se puede quitar; es flexible, lo que facilita sacar los productos terminados. Puede usar una selección respetable de materiales ¡y los productos finales son de alta calidad! Además, es personalizable, lo que la hace muy popular en la comunidad maker.

Por supuesto, a este precio estás sacrificando algunas características extra elegantes, como la reanudación de impresión después de un corte de energía y el auto nivelado. Y, como muchas impresoras de Creality, viene solo parcialmente ensamblada; tendrás que conectar algunas piezas y enchufar algunos cables.

Pero, por este precio, no podrías hacerlo mejor que con la Ender 3 Pro.

Entonces, ¿qué recomiendo?

Recomiendo mucho tanto la Ender 3 Pro como la Creality 10 S Pro V2. Creo que la Ender 3 Pro imprime productos de mejor calidad, pero realmente todo depende de tus necesidades: ¿necesitas un mayor volumen de construcción? Ve con la Creality 10. ¿Estás ajustado de presupuesto? Ve con la Ender 3 Pro.

Realmente, no podría decirte cuál me gusta más. Si solo pudiera quedarme con una de las dos... estaría encantado con cualquiera. Ambas son excelentes opciones.

MODELOS DE IMPRESORAS 3D QUE DEBERÍAS CONSIDERAR

LOS PRINCIPALES ACCESORIOS IMPRESCINDIBLES PARA IMPRESORAS 3D

Entonces, habrás notado que en el último capítulo hablé mucho sobre mejorar tu impresora. ¿Qué significa eso? Y ¿por qué necesitarías mejorar tu impresora?

Si has elegido bien, tu impresora debería funcionar decentemente tal como está. Pero, como es una impresora de hobby, especialmente si elegiste una impresora de hobby económica, bueno, simplemente no será tan sofisticada como sería una impresora profesional.

¡Pero no tienes que conformarte con eso! Esto es impresión 3D, donde el bricolaje no solo está permitido; está alentado. Si estás dispuesto a gastar un poco de dinero, ensuciarte las manos o ambas cosas, puedes mejorar tu impresora para obtener mejores resultados y una experiencia de impresión más placentera.

Ten en cuenta, sin embargo, que diferentes impresoras permitirán diferentes niveles de personalización. Si obtienes uno de los kits de código abierto para armar tú mismo, básicamente puedes acceder a cada pieza de la impresora y hacer lo que quieras con ella. Con una impresora más amigable y completamente ensamblada, como la Flashforge Adventurer 3, ya es más o menos una unidad autosuficiente, y no es tan fácil mejorarla. Después de todo, ese es el punto de esa impresora: que ellos han hecho todo el trabajo y el pensamiento por ti. Entonces, cuánto puedes mejorar definitivamente variará según lo que compres.

Las mejoras que puedes hacer básicamente caen en dos campos: cosas que imprimes tú mismo y cosas que compras a alguien más.

¿QUIERES DECIR QUE PUEDO IMPRIMIR MIS PROPIAS MEJORAS?

Esto es una de las cosas más geniales de entrar en la impresión 3D. En el espíritu de esas impresoras autoreplicantes RepRap, ¡puedes imprimir realmente piezas que puedes acoplar a tu propia impresora!

Puede que recuerdes que mencioné esta posibilidad cuando estábamos hablando de la impresora Anet A8; con algunas de las impresoras más baratas con marcos de acrílico u otros materiales menos robustos, el marco puede tambalearse durante una impresión y afectar negativamente tu producto final. Afortunadamente, la solución está justo frente a ti: ¡puedes imprimir un refuerzo, un marco de soporte u otras características estabilizadoras para tu impresora! ¡Y no tienes que comprarlas! ¡Puedes usar tu impresora 3D para imprimir piezas y mejorar tu impresora 3D!

No se detiene ahí; ¡puedes imprimir todo tipo de cosas que serían útiles para tu impresora! Puedes imprimir piezas que faciliten el cambio de carretes de filamento, o que guíen el filamento correctamente hacia el extrusor, o por donde puedas hacer pasar el filamento para limpiar cualquier polvo. Puedes imprimir nuevos soportes para tu cabezal de impresión que pueden ofrecer mayor precisión o velocidad en tus impresiones. Puedes imprimir piezas que mantengan las correas en su lugar o mantengan la cantidad deseada de tensión en ellas. Puedes imprimir elementos para ayudarte a organizar cables y alambres o cubrir la electrónica expuesta (muy útil en algunas de estas impresoras más baratas). Puedes imprimir cubiertas de ventilación para evitar que el polvo caiga en tus respiraderos. Puedes imprimir gadgets para ayudar a que tu impresora funcione más silenciosamente. Realmente, las posibilidades son casi infinitas.

Me encantaría decirte qué mejoras deberías considerar para tu impresora, pero no puedo. Cada impresora 3D es diferente; cada una va a tener fortalezas y debilidades diferentes y, por lo tanto, necesidades diferentes. ¡Y tus necesidades de impresión pueden ser diferentes a las de otra persona! Quizás estás imprimiendo cosas que requieren esquinas realmente precisas y afiladas, y el montaje del cabezal de impresión que vino con la impresora simplemente no va a ser suficiente, pero alguien más que solo imprime macetas con la misma impresora no tiene ningún problema.

Entonces, en lugar de decirte exactamente lo que necesitas, te daré un consejo: encuentra una comunidad en línea de personas que usan el modelo exacto de tu impresora 3D. Busca videos o foros. Busca en Thingiverse "[tu modelo de impresora 3D] mejoras" y observa los modelos que tienen muchos "makes" (impresiones realizadas) y comentarios, y averigua si resuelve exitosamente un problema que te encuentras teniendo. O simplemente espera hasta que hayas estado imprimiendo por un tiempo; pronto te darás cuenta de los puntos débiles que tiene tu impresora, y luego puedes buscar una solución.

Y luego puedes imprimir esa solución y maravillarte de lo bueno que es que puedes hacer que tu impresora 3D funcione mejor por el simple costo del filamento.

Recuerda lo que dije antes, sin embargo, sobre ciertas impresoras realmente no tener tantas opciones de mejoras. Puedes buscar y encontrar que no hay mucho que puedas hacer para cambiar tu impresora. En ese caso, espero que tu impresora funcione genial tal como está.

¿Y QUÉ HAY DE LOS ACCESORIOS QUE NO SE PUEDEN IMPRIMIR?

No todos los problemas se pueden solucionar con piezas impresas en 3D. Sin embargo, por increíbles que sean estas máquinas, es posible que te encuentres necesitando una solución que simplemente no pueden producir. En ese caso, hay una amplia variedad de excelentes accesorios que puedes comprar en línea y usar con tu impresora.

Cuando estás mirando estas piezas, ten en cuenta que para muchas de ellas, van a ser diferentes para cada impresora. Cada impresora tiene dimensiones diferentes y una configuración diferente, por lo que requerirá un accesorio diferente; estos no son piezas de talla única que estás comprando. Entonces, en lugar de decirte nombres exactos de productos y números de partes, voy a repasar algunos de los accesorios populares y por qué podrías quererlos. Si te parece bien alguno, puedes buscar cuál versión de ese producto funcionará mejor con tu impresora.

Nota que hay muchos más accesorios y mejoras disponibles por ahí de los que voy a hablar. Puedes realmente volverte loco con esto, con personas mejorando placas base, motores y más. Sin embargo, eso está fuera del alcance de este libro, ya que está dirigido a principiantes; mi plan es centrarme en cosas que son fáciles de integrar y te darán grandes resultados. Así que solo ten en cuenta que hay más por ahí de lo que vamos a discutir aquí.

¿Tiene sentido? Entonces hablemos de algunos accesorios útiles para impresoras.

Cama de impresión

Verás muchos accesorios dirigidos a la cama de impresión, y hay una razón para esto: tu cama de impresión puede tener un gran impacto en tu producto final. Una gran razón para esto es la adherencia de la cama.

Definición: La adherencia de la cama se refiere a la medida en que el material impreso se adhiere a la cama de impresión. Demasiada poca adherencia puede estropear las capas inferiores, ya que los bordes exteriores pueden enfriarse más rápido que las capas internas y comenzar a despegarse de la cama, deformando la capa. Sin embargo, demasiada adherencia puede hacer que el producto final sea difícil de quitar.

En capítulos posteriores, hablaremos de soluciones caseras para lograr la adherencia adecuada de la cama, pero también puedes comprar un par de accesorios para ayudar con este problema.

Una opción a considerar son los adhesivos. A menudo en forma de barras de pegamento, estos son productos que puedes extender sobre la cama de impresión y que ayudarán a que tus primeras capas se adhieran correctamente pero que luego se pueden quitar fácilmente el producto terminado. Por ejemplo, productos como Magigoo son pegajosos cuando se colocan sobre una cama de impresión caliente, pero pierden su pegajosidad una vez que la plataforma se enfría. En ese momento, es fácil quitar el producto terminado.

También puedes obtener nuevas superficies para tu cama de impresión. Muchas personas prefieren colocar superficies de vidrio en su cama de impresión, ya que las encuentran más consistentemente planas que muchas superficies de construcción, lo que a menudo también facilita la extracción del producto final. También son más fáciles de limpiar que muchas otras superficies.

También puedes comprar superficies de construcción especiales de metal que se colocan sobre tu cama de impresión y, gracias a su textura o composición química, proporcionan una excelente adherencia de construcción. ¡Incluso puedes comprar superficies de construcción flexibles; estas hacen que quitar las impresiones sea pan comido porque cuando la impresión está hecha, simplemente flexionas la superficie de construcción y la impresión se desprende de inmediato!

Algunas impresoras vienen de serie con estas interesantes y útiles opciones de cama de impresión, así que eso es algo que debes tener en cuenta al considerar los modelos de impresoras.

Recinto

La impresora 3D funciona porque utilizamos termoplásticos, los cuales se vuelven más líquidos al calentarse, permitiéndonos empujarlos a través de un extrusor y dar forma al objeto deseado; al enfriarse, se solidifican nuevamente. Ya hemos hablado de esto, ¿verdad? Lo que no hemos mencionado es que no todos los termoplásticos reaccionan de la misma manera al enfriarse. Algunos no tienen problemas, pero otros sí, especialmente cuando las diferentes capas y partes de la impresión están en distintos puntos del proceso de enfriamiento. Esto puede causar problemas, especialmente en las capas inferiores, siendo común ver que las impresiones se curven un poco en las esquinas u otras deformaciones.

Entonces, ¿qué podemos hacer al respecto? Bueno, una cosa que puede ayudar es controlar el entorno de impresión. Un recinto que cubra toda tu impresora 3D puede mantener la temperatura interior de manera constante mientras se imprime, lo que reduce las deformaciones porque puedes controlar el proceso.

Dos ventajas más de usar un recinto: mantiene el polvo fuera de tu impresión mientras se está imprimiendo, y si tienes niños pequeños cerca, puede ayudar a evitar que sus manos curiosas agarren cosas calientes que no deberían tocar.

Esto es algo que muchas personas eligen hacer ellas mismas; en realidad, todo lo que necesitas es algo más grande que tu impresora que pueda cubrirla. Las personas han improvisado cajas y láminas de plástico y, mi favorito personal, mesas auxiliares de IKEA, en recintos muy funcionales para sus impresoras.

Sin embargo, es posible que prefieras un recinto que alguien más haya fabricado para ti, tanto por comodidad como porque estos recintos a menudo ofrecen características como materiales ignífugos (en caso de que algo salga mal con una impresión y no estés cerca). Si buscas en línea, verás que muchos de estos recintos están diseñados para ajustarse a impresoras específicas, así que si vas a conseguir uno, asegúrate de que sea el adecuado.

También debes tener en cuenta que ciertos materiales de impresión como el ABS pueden desprender olores, por lo que cualquier recinto que termines usando debe permitirte ventilar adecuadamente.

Boquilla

Una parte que muchos usuarios eligen cambiar por diversas razones es la boquilla de la cabeza de impresión. El proceso de cambiar una boquilla generalmente se puede hacer solo con una llave inglesa, pero es bueno leer el manual del usuario y buscar información en línea para asegurarte de conocer la mejor manera de hacerlo en tu impresora.

Entonces, ¿por qué querrías cambiar la boquilla? Hay algunas razones.

- **Para limpiar la boquilla.** Las boquillas pueden obstruirse y necesitar limpieza periódica. Si tienes una boquilla de repuesto a mano, puedes cambiarla por una obstruida y seguir imprimiendo mientras trabajas en limpiar la primera boquilla.
- **Para tener diferentes tamaños de boquilla.** El tamaño de apertura predeterminado de las boquillas estándar que vienen con la mayoría de las impresoras de consumo es de 0.4 mm. Este es un buen tamaño de boquilla general, pero es posible que desees un tamaño diferente por diversas razones. Una abertura de boquilla más grande sería útil para imprimir partes más grandes y podría imprimir mucho más rápido que las boquillas más pequeñas; una abertura de boquilla más pequeña sería buena para detalles precisos pero generalmente aumentará el tiempo de impresión. Puede ser útil tener varios tamaños diferentes a mano que puedas intercambiar según el proyecto.
- **Para actualizar a un mejor material de boquilla.** La mayoría de las boquillas estándar están hechas de latón, lo cual es suficiente para aplicaciones básicas. Sin embargo, algunos filamentos, como los filamentos de fibra de carbono, contienen materiales abrasivos que son más duros que el latón y pueden dañar la boquilla a medida que pasan a través de ella. Con el tiempo, la abertura de tu boquilla puede ensancharse a medida que el interior es lijado por estos materiales abrasivos. Y entonces ninguno de tus proyectos saldrá como esperabas. Por esta razón, puede ser una buena idea tener boquillas hechas de diferentes materiales a mano, como acero inoxidable o endurecido. Ten en cuenta que diferentes metales

pueden calentarse de manera diferente al latón, así que tenlo en cuenta cuando estés usando una nueva boquilla.

- **Simplemente para tener una mejor boquilla.** Como suele suceder con la electrónica, lo que viene por defecto en el paquete no siempre es tan bueno como lo que podrías obtener en otro lugar. Si has elegido una impresora económica, podrías obtener partes y accesorios económicos, ¿verdad? Entonces, si la fabricación y la calidad de la boquilla estándar no cumplen con tus expectativas, actualizar a una boquilla mejor puede ser una forma rápida y fácil de mejorar la calidad de tus impresiones.

Almacenamiento del filamento

Aquí hay algo que quizás no se te haya ocurrido: el contenido de humedad de tu material de impresión es importante. Si el filamento tiene humedad, cuando llega al cabezal de impresión y se calienta para ser extruido, esa humedad puede vaporizarse y causar problemas en la impresión, incluso hacer que falle.

Estás pensando, ¿pero qué tiene de malo? Yo mantendré mi material de impresión alejado de la lluvia.

Desafortunadamente, no es tan simple: muchos filamentos absorben humedad del aire que los rodea, lo que significa que no es suficiente con mantener los filamentos en un lugar seguro y seco.

Entonces, ¿qué hacer? Hay algunas formas diferentes de mantener tu material de impresión seco.

La forma más barata y fácil es almacenarlo con un desecante. ¿Conoces esos paquetes de gel de sílice que a veces vienen en los paquetes y que siempre te advierten que no debes comer? Bueno, puedes comprar esos en grandes cantidades y mantenerlos junto con tus filamentos en un recipiente sellado. Algunas personas también secan sus filamentos en un horno a baja temperatura.

¿Quieres algo un poco más avanzado y menos casero? Hay excelentes opciones disponibles para comprar que mantendrán tus materiales de impresión secos y listos para usar. Por ejemplo, puedes conseguir un secador de filamento o una caja seca: una caja de almacenamiento que se calienta lo suficiente para secar tus materiales de impresión. Incluso puedes encontrar opciones donde puedes almacenar tus filamentos mientras los estás usando, asegurándote de que no absorban humedad hasta el momento en que entran en el cabezal de impresión. Si tienes un filamento que estás seguro de que está actualmente seco y quieres mantenerlo así, puedes comprar contenedores de almacenamiento sellados al vacío que mantendrán tus materiales de impresión tan herméticamente cerrados que no pueda entrar humedad.

Si no quieres gastar dinero pero te sientes un poco ingenioso, puedes encontrar tutoriales en línea que muestran cómo crear tu propia caja seca con materiales que puedes conseguir en la ferretería.

Alisado y acabado

Aquí está la cosa sobre las impresoras 3D: no crean productos perfectos. Las impresoras 3D FDM, en particular, crean un tipo de producto muy particular. Debido a que depositan el material de impresión en capas, a menudo se ven las pequeñas crestas de las capas individuales, especialmente en superficies curvas del producto final. Además, no siempre pueden lograr los detalles más finos y a veces dejan residuos no deseados de plástico o no hacen agujeros y detalles completamente limpios y claros.

Puedes hacer cosas para combatir eso: una creación cuidadosa de tu modelo 3D y ajustes en la configuración, y el uso de ciertas boquillas. Pero el hecho sigue siendo que incluso el objeto impreso más cuidadosamente a menudo conservará esas líneas de capa distintivas o no tendrá exactamente el acabado o nivel de detalle que deseabas.

Tal vez no te importe, dependiendo de lo que estés creando, pero si te importa, hay muchas opciones disponibles para perfeccionar tu objeto una vez que la impresión esté completa.

Para alisar la impresión, lijarla es un buen lugar para empezar; a menudo es el primer paso antes de usar algunas de las otras opciones que vamos a discutir aquí. Pero aunque esto ayudará, si realmente quieres darle a tu producto final una superficie lisa, considera algunos de los siguientes productos y accesorios. (Ten en cuenta que el material de impresión que elijas afectará tus opciones para el alisado; no todos los productos funcionarán con todos los materiales de impresión).

Una opción es rellenar los espacios con algún tipo de líquido o pasta. Muchas personas tienen mucho éxito puliendo sus impresiones, como harías con un objeto metálico; el pulimento llenará los espacios y luego podrás pulir toda la superficie. También se puede utilizar imprimación en aerosol de alto llenado, como las que se pueden encontrar en cualquier ferretería. Si quieres algo diseñado especialmente para impresión 3D, puedes encontrar recubrimientos en línea que se aplican con un pincel al objeto, dándole un brillo suave y profesional. Si eliges una de estas opciones, asegúrate de haber investigado si funciona bien con el material particular que elegiste para imprimir este proyecto. Lo último que quieres es arruinar algo que ya has impreso.

Otra opción es el calor: debido a que muchos materiales de impresión son termoplásticos, se ablandarán cuando se les aplique calor. Una pistola de calor estándar, como la que usarías para quitar pintura o papel tapiz, se puede usar para ablandar y alisar las superficies de tu proyecto impreso. Esta es una opción que requiere mucho cuidado y mano delicada. Sin embargo, si no tienes cuidado, existe una posibilidad real de arruinar tu proyecto más allá del punto de reparación.

Una tercera opción es el acetona. Ahora, es importante notar que esto solo funciona si has impreso con ABS, ya que reacciona al acetona de una manera que el PLA, por ejemplo, no hace. Pero si has utilizado ABS, esta es una excelente opción porque el acetona descompondrá la capa exterior, dejando una superficie mucho más suave. Para un alisado simple y a pequeña escala, podrías adquirir un bolígrafo alisador, como los que vende Filabot; estos bolígrafos tienen una punta que aplica acetona, permitiéndote controlar exactamente cuánto alisado deseas y dónde quieres aplicarlo.

Si deseas alisar toda la superficie de una impresión ABS, el alisado por vapor de acetona podría ser la elección adecuada para ti: esto implica encerrar la impresión en un recipiente sellado con vapor de acetona y permitir que alise suavemente la capa más externa de la impresión. Esto es algo que puedes hacer tú mismo con pañuelos y un contenedor sellado, pero si planeas realizar este proceso en muchas impresiones 3D, podría valer la pena considerar la compra de un alisador dedicado, de los cuales hay varios disponibles en línea. Estos productos sellarán tu impresión herméticamente y luego la alisarán con un fino vapor de acetona, y la conveniencia y facilidad de dicho producto pueden hacer que valga la pena.

Una opción interesante para explorar es el Polysher de Polymaker, que lleva tus impresiones a un nivel increíble de pulido. La única pega es que debes comprar el filamento especial de Polymaker para obtener el efecto deseado. Según lo que he visto, sin embargo, los resultados finales son bastante impresionantes; si deseas vender las cosas que imprimes o exhibirlas en tu hogar, podría valer la pena.

Nota: Ten en cuenta que cada vez que alisas tu impresión, estás eliminando la capa superior o rellenándola, por lo que esto puede hacer que pierdas algunos de los detalles más finos de tu objeto. Cuanto más alises, más detalles se perderán.

¿Y qué pasa con el acabado? Bueno, para eso existen herramientas y kits de acabado. En el lado más simple, hay kits que puedes comprar que vienen con cuchillas, cuchillos de tallar, agujas, pinceles y otras herramientas que facilitarán tareas de acabado importantes como cortar estructuras de soporte, limpiar agujeros o detalles finos y suavizar bordes y superficies.

¿Quieres algo con un poco más de potencia? También puedes comprar herramientas de acabado manuales con diferentes accesorios metálicos que se calientan. Esta es una gran opción si ves que vas a hacer mucho trabajo postimpresión para perfeccionar tus modelos; serán mucho más rápidas y fáciles de usar que las cuchillas y pinceles estándar.

Usar estos productos y accesorios para alisar y acabar impresiones puede ser una excelente manera de hacer que las impresiones de una impresora 3D más económica parezcan que provienen de una máquina profesional. Si deseas vender o exhibir tus impresiones 3D, pero no quieres gastar miles en una máquina de alta gama, unos cuantos accesorios adicionales y un poco de esfuerzo pueden convertir una impresión que se ve bien en una que se vea genial.

OTROS ACCESORIOS

Apenas hemos rozado la superficie aquí en cuanto a los tipos de mejoras y accesorios que puedes obtener para tu impresora. Desafortunadamente, muchas de las mejoras más potentes y avanzadas también requieren bastante más trabajo y comprensión de los entresijos de tu impresora. Por lo tanto, como mencioné antes en este capítulo, no vamos a entrar en esos detalles aquí. Para mejoras y accesorios más avanzados, consulta los libros posteriores en nuestra serie.

ELECCIÓN DE MATERIALES DE IMPRESIÓN

Bien, entonces hemos hablado de impresoras y accesorios para impresoras. Ahora necesitamos hablar sobre los materiales de impresión.

Como mencioné en el Capítulo 2, puedes usar todo tipo de materiales para la impresión 3D. Hay personas que imprimen con materiales tan variados como el hormigón, la pasta de carne a base de plantas y células humanas vivas. Sin embargo, en este capítulo vamos a hablar sobre el tipo de materiales que probablemente usarías con una impresora 3D de consumo normal.

La mayoría de las impresoras vendrán con algunos materiales de prueba en la caja, pero eso no te durará mucho. Si quieres comenzar con buen pie con tu impresión, sería prudente comprar algo de material al mismo tiempo que compras tu impresora.

Los materiales de impresión 3D a veces también se conocen como "filamento", como probablemente hayas notado que menciono a lo largo de este libro. Esto se debe a que el material suele estar en forma de un largo hilo continuo, o filamento, enrollado en una bobina.

También es posible imprimir a partir de pellets, pero como puedes imaginar, eso requiere equipo de impresión diferente, y no hay tantas impresoras 3D para consumidores que lo soporten. Además, realmente no ofrece ninguna ventaja sobre los filamentos, al menos no que yo haya encontrado, así que probablemente no se convertirá en un método de impresión popular pronto. Pero pensé en mencionarlo por si ves imágenes de pellets en línea y te causa curiosidad o confusión, como me pasó la primera vez que lo vi.

En este capítulo, vamos a hablar sobre las consideraciones que debes tener en cuenta al elegir un material de impresión 3D; luego, hablaremos sobre algunos de los materiales disponibles para elegir.

Nota: Ten en cuenta que voy a repasar los materiales más populares y básicos; hay más tipos de materiales disponibles de los que puedo mencionar en el espacio que tenemos. Además, puede que hable sobre un material en particular, pero hay docenas de productos diferentes disponibles bajo nombres diferentes que todos caen bajo ese material. Por ejemplo, vamos a hablar de PETT, pero si compras alguno, lo más probable es que lo compres bajo el nombre de marca "t-glase". Así que si buscas uno de estos materiales en línea, no te sorprendas si ves a alguien vendiéndolo bajo un nombre diferente, y solo mirando de cerca podrás saber exactamente qué están vendiendo.

Además, ten en cuenta que algunas marcas de impresoras pueden insistir en que necesitas comprar su filamento de marca propia; Cubify solía hacerlo con sus impresoras CubePro, aunque desde entonces han cerrado su negocio de impresión 3D. Aunque esto es raro, vale la pena verificar si tu impresora tiene tales requisitos.

COSAS A TENER EN CUENTA

Lo que hace que la impresión 3D sea emocionante, la flexibilidad, la capacidad de personalización, la capacidad de hacer casi cualquier cosa que desees, también puede hacerla abrumadora para comenzar. Probablemente hayas escuchado docenas de acrónimos: PLA, PVA, PET, PETT, PETG... quiero decir, ¿cómo se supone que debes recordar todos estos y saber cuál usar?

Bueno, espero que para cuando terminemos este capítulo, tengas una mejor comprensión de todo esto. Y el mejor lugar para empezar es mirar lo que tienes y lo que necesitas.

¿Qué impresora tienes?

Lo primero que debes tener en cuenta es que no todas las impresoras funcionarán con todos los tipos de material de impresión. Algunos materiales tienen requisitos específicos que ciertas impresoras no pueden cumplir... y probablemente no te sorprenda saber que cuanto más económica sea la impresora, menos podrá manejar.

Tus dos mayores preocupaciones tienen que ver con el calor. Algunos filamentos necesitan calentarse a ciertas temperaturas para alcanzar el punto en el que pueden ser extruidos correctamente, y algunos filamentos también se comportan mejor si se extruyen sobre una cama de impresión caliente. Ahora bien, la mayoría de las impresoras cumplirán con esos dos criterios, pero algunas de las impresoras más básicas y económicas no lo harán; la cama caliente para impresión, en particular, parece ser una característica que a menudo se elimina cuando las empresas intentan crear una impresora económica. Así que asegúrate de que tu filamento y tu impresora sean compatibles antes de empezar.

Otra cosa a tener en cuenta es que, como mencioné en el capítulo anterior, ciertos materiales pueden dañar las boquillas de latón estándar que vienen con la mayoría de las impresoras 3D para consumidores. Por lo tanto, necesitarás actualizar a una boquilla endurecida (o incluso una de punta de rubí elegante) si quieres imprimir con esos materiales abrasivos. Así que si aún no tienes una boquilla endurecida y quieres usar uno de estos materiales abrasivos, debes decidir si realmente vale la pena pagar por la nueva boquilla.

¿Qué estás imprimiendo?

Diferentes materiales serán más o menos adecuados para diferentes aplicaciones. Vamos a hablar de materiales que son seguros para alimentos, que brillan en la oscuridad y que son flexibles, cada uno de los cuales sería genial en ciertas aplicaciones y menos en otras. Qué material necesitas dependerá de lo que planees hacer con el producto final.

Ten en cuenta que algunos de los materiales más sofisticados te costarán más que los materiales básicos, así que asegúrate de haberlo considerado en tus planes.

¿Qué tamaño de filamento necesita tu impresora 3D?

Los materiales de impresión suelen venir en dos tamaños: **1,75 mm** y **3 mm**, que se refieren al diámetro del filamento. La documentación de tu impresora debería decirte qué tamaño comprar para tu impresora.

Ambos son honestamente bastante buenos en cuanto a cuál es "mejor". El filamento de 3 mm puede ser más fácil de usar y causar menos obstrucciones. Sin embargo, en estos días, las impresoras que usan 1,75 mm son más populares, lo que significa que más fabricantes están produciendo más materiales que usan 1,75 mm, lo que te da más opciones. Algunos de los materiales más oscuros pueden ser difíciles de encontrar en 3 mm. Así que si estuviera comprando una nueva impresora ahora mismo, probablemente me inclinaría por comprar una que acepte filamento de 1,75 mm.

¿Captaste todo eso? Muy bien, pasemos a algunos de los materiales de impresión que están disponibles.

MATERIALES BÁSICOS DE IMPRESIÓN

Cuando llamo a estos materiales "básicos", no necesariamente significa que sean de baja calidad o incluso que sean los más fáciles de usar (aunque tienden a ser más fáciles en ese sentido). Lo que quiero decir es que estos son los materiales que considero adecuados para necesidades básicas de impresión, no para impresiones especializadas. Si necesito imprimir rápidamente un pequeño widget para colocarlo en el borde de mi escritorio y mantener organizados todos mis cables de carga, voy a optar por uno de estos materiales.

PLA

Definición: *Ácido poliláctico*, o *PLA*, es un polímero hecho a partir de materiales biológicos; estos materiales lo hacen biodegradable. Produce impresiones duraderas y opacas.

Descripción: Este material es muy popular entre principiantes y con impresoras 3D económicas. Es bastante fácil de usar y, notablemente, es bastante pegajoso. Esto significa que, a diferencia de algunos otros materiales, no requiere el uso de una cama de impresión caliente para que las primeras capas se adhieran e impriman correctamente, lo cual es excelente si tienes una impresora 3D económica que no tiene una plataforma caliente. También se funde alrededor de 350° F (180° C), lo cual es bastante estándar; cualquier impresora para consumidores que compres podrá manejar esa temperatura.

Vas a ver mencionado el PLA mucho en esta lista porque en muchos materiales compuestos, donde se mezclan trozos de materiales como madera o metal con un material base, se utiliza el PLA como material base.

Usos: Es genial, como mencioné, como material básico para comenzar proyectos. Es seguro para alimentos en su forma pura, por lo que es ideal para cosas como cortadores de galletas y recipientes de alimentos de corto plazo, como botellas de agua. (¡Verifica la etiqueta para asegurarte de que la marca de filamento PLA que estás comprando no tenga aditivos que lo hagan inseguro para alimentos!)

Como nota adicional, un uso bastante interesante pero que imagino que la mayoría de ustedes que están leyendo este libro no harán es en aplicaciones médicas. El PLA es biodegradable, como mencioné antes; con el tiempo, se descompone en ácido láctico no tóxico (en ciertas condiciones, no te preocupes de que vayas a imprimir algo y un día simplemente desaparezca). ¡Esto lo convierte en una excelente opción para cosas como tornillos, pasadores y mallas que pueden colocarse en el cuerpo de un paciente con fines médicos y dejarse allí; en uno o dos años, se descompondrá en ácido láctico!

Ventajas: Como dije, el hecho de que no necesites una cama caliente para imprimir lo convierte en una gran opción para impresoras 3D económicas. También es fácil de usar; perdona bastante si no lo calientas y enfrías exactamente como deberías y produce construcciones resistentes.

¿Mi cosa favorita personal sobre él? Es respetuoso con el medio ambiente, lo cual no es algo que se pueda decir de muchos plásticos. Está hecho de bloques de construcción de ácido láctico, lo que lo hace sostenible y renovable. El proceso de producción emite menos gases que muchos otros materiales. Y es biodegradable, como dije antes; bajo las condiciones adecuadas, puede descomponerse bastante rápido. Así que si alguna vez te sientes culpable por todo el plástico que produce la industria de impresión 3D y el mundo en general, usar PLA podría hacerte sentir un poco mejor.

Desventajas: El PLA no produce impresiones de tan alta calidad como ciertos otros materiales que encontrarás. También puede ser frágil y, por lo tanto, no muy resistente a los impactos.

Una gran cosa a tener en cuenta es el hecho de que, como todos los termoplásticos, el PLA se puede calentar, enfriar y luego recalentar. Desafortunadamente, no necesita mucho calor para que el PLA comience a ablandarse; las impresiones hechas de PLA comienzan a deformarse a temperaturas tan bajas como 140 °F (60 °C). Escuché una historia sobre un amigo de un amigo que imprimió una réplica a escala completa de R2D2 usando PLA para gran parte del marco, y una vez tuvo que dejarlo en su coche en un día caluroso. Cuando regresó al coche, pobre Artoo se veía peor que aquella vez que casi lo comen en los pantanos de Dagobah.

ABS

Definición: *El estireno de butadieno acrilonitrilo*, o *ABS*, es un plástico resistente al agua y a los productos químicos que produce impresiones resistentes y duraderas.

Descripción: El ABS ha sido durante mucho tiempo un material popular

ELECCIÓN DE MATERIALES DE IMPRESIÓN

para impresoras 3D debido a su bajo costo y al hecho de que crea productos finales duraderos. (Sin embargo, puede ser susceptible a la radiación UV a largo plazo, por lo que podría no ser la mejor opción absoluta para algo que va a pasar mucho tiempo al sol.)

Un dato curioso sobre ABS: este plástico es el que se utilizó para fabricar los Legos. A medida que hablamos sobre sus beneficios a continuación, verás por qué es una excelente elección para estos juguetes.

Usos: Como mencioné, es duradero, lo que lo hace ideal para juguetes como los Legos. Esa durabilidad también lo convierte en una excelente opción para cosas que van a soportar un desgaste considerable, como piezas de automóviles o engranajes. También aparece en algunos lugares sorprendentes: Kawai utiliza ABS en sus pianos y Yamaha lo utiliza para fabricar esas flautas dulces que tal vez tuviste que aprender a tocar en el tercer grado.

Pros: El bajo costo del ABS lo convierte en una excelente opción para principiantes que pueden usar mucho filamento mientras aprenden a usar sus impresoras. También es resistente y duradero, como cualquiera que haya pisado un Lego puede atestiguar.

Es bastante fácil de imprimir y es mucho más resistente al calor que el PLA; es poco probable que las impresiones de ABS se deformen si las dejas en un coche caliente. Y no reaccionan con el agua ni con muchas sustancias domésticas con las que puedan entrar en contacto.

Una característica que lo hace excelente para Legos y otros juguetes es que toma muy bien el color; mezclar pigmentos no tiene efectos adversos sobre el material. Así que puedes comprar colores divertidos y brillantes para figuras de acción y juguetes.

Finalmente, a diferencia del PLA, el ABS no es biodegradable. Sin embargo, generalmente se puede reciclar. De hecho, puedes encontrar tiendas en línea que venden filamento de ABS reciclado (rABS). Si quieres ayudar a reducir la cantidad de residuos de ABS que hay por ahí, ¡esa podría ser una excelente opción!

Contras: El ABS tiene un requisito de temperatura más alto que el PLA: necesitas un extrusor que pueda llegar a alrededor de 425 °F o 220 °C. La mayoría de las impresoras pueden manejar eso, pero deberías verificarlo dos veces.

Una cosa a tener en cuenta es que el ABS puede deformarse y contraerse a medida que se enfría, por lo que querrás controlar su enfriamiento. Como mencioné en el capítulo sobre accesorios, un recinto (ya sea comprado o hecho en casa) ayudará a controlar la temperatura alrededor de tu producto final. Además, una cama caliente puede evitar que las capas inferiores se deformen antes de que se coloquen las capas superiores.

Hablando de camas calientes, definitivamente querrás una para una impresión de ABS porque el ABS se adhiere mucho mejor a una cama caliente. Muchas impresoras tienen una cama caliente, generalmente solo las impresoras económicas no la tienen, pero si la tuya no la tiene, necesitarás encontrar formas de aumentar la adherencia a la cama (de lo cual hemos hablado en algunos otros capítulos).

Asegúrate de imprimir en un área bien ventilada porque el ABS tiene un olor cuando se calienta; no es la cosa más agradable del mundo y en concentraciones suficientemente altas podría ser potencialmente dañino.

Nylon

Definición: *El nailon* es un polímero sintético hecho de poliamidas (una proteína que se encuentra en la seda y la lana).

Descripción: Aunque el nailon es relativamente nuevo en el mundo de la impresión 3D, ha existido como material durante bastante tiempo: fue desarrollado por DuPont en la década de 1930 y es el primer polímero termoplástico sintético comercialmente exitoso. Y sí, en caso de que te lo preguntes, es el mismo material del que están hechos las medias de nailon para mujeres. (Un hecho interesante: las medias de nailon se vendieron a partir de 1940, pero el suministro casi se agotó inmediatamente porque se necesitaba nailon para paracaídas durante la Segunda Guerra Mundial.)

¡No sentirás que estás usando medias o paracaídas cuando estés imprimiendo con él! Las impresiones hechas con filamento de nailon serán resistentes, duraderas y resistentes al daño o la abrasión. En el corto tiempo que ha sido utilizado en aplicaciones de impresión 3D, rápidamente se ha convertido en un material muy popular.

Usos: ¿Quieres decir aparte de medias y paracaídas? La durabilidad del nailon lo hace ideal para cosas que van a soportar desgaste y uso, como engranajes, tornillos y pernos; su resistencia lo hace ideal para bridas, componentes mecánicos y herramientas.

Pros: Incluso con la fuerza y durabilidad de la que hablé antes, el nailon puede ser algo flexible si se imprime lo suficientemente delgado. Es menos frágil que el PLA o el ABS, con alta resistencia al impacto. ¡Y es ligero! También es relativamente económico, por lo que es una excelente opción si necesitas imprimir piezas grandes.

Es no tóxico y puede producir impresiones suaves y de buena calidad.

Ten en cuenta que algunas marcas pueden emitir olores desagradables durante la impresión; verifica la etiqueta y lee las reseñas de la marca que compres.

Contras: El nylon tiene características y requisitos algo más exigentes. Algunas variedades requieren temperaturas muy altas para la impresión, hasta 250 °C o más, lo cual es superior a lo que pueden lograr algunos extrusores. Es posible que necesites actualizar tu extrusor o incluso obtener un hotend totalmente metálico para imprimir con nylon. (Aunque hay productos de nylon disponibles a temperaturas más bajas, así que mantente atento a ellos).

Al igual que el ABS, el nylon también requiere una cama caliente para colocar correctamente las primeras capas, y al enfriarse es propenso a deformarse, por lo que podría ser útil utilizar un recinto para controlar la temperatura al imprimir.

Una particularidad complicada del nylon es que es bastante higroscópico, lo que significa que absorbe humedad del ambiente; se dice que puede absorber hasta un 10% de su peso en humedad en un solo día. Como mencioné en el capítulo sobre accesorios, la humedad en tu filamento puede causar problemas importantes al imprimir, ya que se convierte en vapor cuando se calienta el filamento, provocando problemas estructurales y de acabado. Por lo tanto, si usas nylon, debes asegurarte de mantenerlo realmente seco. Consulta el capítulo sobre accesorios para obtener algunos consejos sobre cómo hacerlo.

El nylon no es biodegradable (de manera lamentable, representa el 10% de los desechos en el océano), y aunque técnicamente puede reciclarse, es difícil encontrar lugares que lo hagan. Por lo tanto, considera cuidadosamente cómo lo utilizas.

ELECCIÓN DE MATERIALES DE IMPRESIÓN

PET/PETG/PETT/t-glase

Definición: El *polietileno tereftalato*, o *PET*, es una resina polimérica termoplástica de la familia de los poliésteres. En la impresión 3D, las variantes conocidas como PETG (polietileno tereftalato modificado con glicol) y PETT (tereftalato de cotrimetileno de polietileno, vendido comercialmente como t-glase) son populares.

Descripción: El PET fue patentado por primera vez en 1941 y se usa ampliamente fuera de la impresión 3D, por ejemplo, en botellas de agua y envases para alimentos, así como en la fabricación de ropa y disfraces baratos de Halloween (de hecho, esa es la mayoría de los usos de este material). Cuando se procesa en filamento para impresión, se vuelve resistente y duradero.

Una de sus propiedades más únicas es que es translúcido y puede incluso parecer casi transparente, dependiendo de cómo se procese y forme. Así que si buscas ese aspecto transparente, este es el material de impresión para ti.

PETG es PET modificado con glicol, lo que lo hace menos quebradizo, más claro y más fácil de usar. PETT carece de glicol y es ligeramente más rígido que PETG, pero tiene mejores cualidades ópticas. Actualmente, básicamente solo puedes obtener PETT de Taulman; lo venden bajo el nombre de t-glase.

Usos: El PET es considerado seguro para alimentos por la FDA, por lo que es una excelente opción para tazas, botellas y otros envases para alimentos. Debido a que es impermeable, también es ideal para cosas como jarrones. Su apariencia única también lo hace adecuado para impresiones translúcidas. Sin embargo, ten en cuenta que no será como mirar a través de vidrio; es complicado obtener una gran translucidez con este material, por lo que incluso en el mejor de los casos, no será completamente transparente.

Pros: El gran beneficio aquí, obviamente, es la apariencia; no todos los plásticos ofrecen esa apariencia única. También crea un acabado suave y brillante. El filamento se puede colorear sin perder su calidad translúcida, por lo que encontrarás variedades de colores a la venta. Las impresiones hechas con PET son fuertes y tienen una gran resistencia al impacto.

Una cosa genial sobre el PET y sus variaciones es que tienden a no deformarse mucho y se adhieren bien a la cama de impresión, lo que significa que no se requieren camas calientes ni recintos, aunque podrías encontrarlos útiles.

El PET no es biodegradable, pero sí es reciclable. De hecho, si quieres contribuir a un mundo más limpio, puedes encontrar tiendas en línea que venden filamento PET hecho de materiales reciclados como botellas de agua.

Contras: Al igual que el nylon, el PET puede absorber mucha humedad del aire, lo que afectará la calidad de tus impresiones. Seca tu filamento antes de imprimir utilizando un secador y sistema de almacenamiento dedicados, o hazlo tú mismo con tu horno y algunos paquetes de gel de sílice en un recipiente hermético. Aunque las impresiones en PET son fuertes, tienen una superficie algo más suave que muchos de los otros materiales que hemos visto, lo que las hace un poco más propensas al desgaste.

Estos materiales requieren una temperatura de alrededor de 230 °C, lo cual es bastante alto. Si estás pensando en usar uno de estos materiales de impresión, te recomendaría que investigues si la documentación de tu impresora afirma que puede soportar materiales PET. Consulta en línea qué dicen otros usuarios de tu modelo de impresora sobre el tema.

Finalmente, no pongas todas tus esperanzas en que tu producto final sea transparente. Definitivamente será mucho más transparente que algo impreso en ABS, pero no será como si el producto final estuviera tallado en cristal. Incluso con t-glase, donde el gran punto de venta es la calidad óptica del material, lo máximo que el fabricante afirma es que se considera incoloro según las clasificaciones industriales. Busca en línea y mira fotos de impresiones en PET para hacerte una idea de qué puedes esperar si optas por alguno de estos materiales.

ASA

Definición: *El acrilonitrilo estireno acrilonitrilo*, o *ASA*, fue desarrollado como una alternativa al ABS más adecuada para usos exteriores debido a su mayor resistencia a los rayos UV.

Descripción: El ASA es químicamente similar en muchos aspectos al ABS, como podrías deducir de los nombres: acrilonitrilo estireno acrilonitrilo y butadieno estireno acrilonitrilo. La gran diferencia es que el ASA incorpora caucho acrílico, mientras que el ABS utiliza caucho butadieno; esto le da al ASA varias ventajas sobre el ABS, como la mencionada resistencia a la radiación ultravioleta.

El desarrollo del ASA comenzó en la década de 1960 y el material ha ganado mucha popularidad desde entonces. Además de ser popular en el mundo de la impresión 3D, se utiliza mucho en aplicaciones donde el producto final estará expuesto al clima, como automóviles o equipos de jardinería.

Usos: Estas características mencionadas hacen que este material sea una excelente opción para aplicaciones donde se utilizará en exteriores; si vas a imprimir un gnomo de jardín o un buzón personalizado, este será el plástico a utilizar. También es excelente como material multiusos, dada su similitud con el ABS, aunque su precio más alto puede disuadirte de usarlo para aplicaciones donde no necesites específicamente resistencia a los UV.

Pros: La formulación diferente le da al ASA muchas ventajas sobre el ABS. Como mencioné, tiene una mayor resistencia a los UV; cuando se deja afuera durante períodos prolongados, es menos propenso a amarillear y mantiene mejor su apariencia y brillo que muchos otros plásticos en las mismas circunstancias. El material produce impresiones bastante resistentes y duraderas, lo que lo califica aún más para uso en exteriores. También tiene mejor resistencia química y térmica que el ABS y soportará mejor el paso del tiempo.

Cons: Aunque fue diseñado como una alternativa al ABS, el ASA muestra muchas de las mismas debilidades que el ABS, especialmente en lo que respecta a la impresión: requiere altas temperaturas, realmente necesitas una cama caliente y se deforma fácilmente. También puede liberar algunos vapores bastante fuertes (incluso potencialmente peligrosos), por lo que definitivamente querrás ventilar bien el área cuando imprimas. Puede ser un filamento algo caro de comprar, así que si no estás imprimiendo específicamente para una aplicación exterior, puede que no sea la forma más rentable de imprimir.

MATERIALES DE IMPRESIÓN SOLUBLES

ELECCIÓN DE MATERIALES DE IMPRESIÓN

Podrías estar viendo ese título y pensar, "¿Por qué querría que mis materiales de impresión se disuelvan? ¿Por qué querría imprimir algo que podría desaparecer si entra en contacto con sustancias incorrectas?"

Bueno, generalmente, no se hacen productos finales con materiales solubles; para lo que son útiles es para estructuras de soporte. Mencioné esto un poco en el capítulo 3, pero si no te importa que repita: una cosa complicada de la impresión 3D es cómo imprimir piezas de tu modelo con voladizos, donde no hay nada debajo de ellos para sostenerlos. Imagina intentar imprimir un modelo del Puente Golden Gate, que está lleno de piezas que atraviesan espacios o se extienden hacia la nada. ¿Cómo puedes imprimir eso correctamente? Cada capa necesita apoyarse en algo, después de todo (a menos que la distancia que está cubriendo sea pequeña o la parte que sobresale esté inclinada a menos de unos cuarenta y cinco grados).

El truco es incluir estructuras en tu modelo que sostendrán estas partes que sobresalen. La parte difícil es que cuando todo se ha enfriado, tienes que cortar o romper los soportes, lo que consume tiempo y puede dañar tu impresión si no tienes cuidado. Sin embargo, si tienes una impresora con doble extrusor, tienes una segunda opción: hacer que un extrusor use el material principal para imprimir tu objeto y que el otro extrusor use un material soluble para imprimir la estructura de soporte. Luego, cuando la impresión esté terminada, simplemente sumerges tu producto en lo que sea que disuelva las estructuras de soporte. No hay corte, no hay suavizado, no hay intento de ocultar el hecho de que algo solía estar conectado allí.

Todo esto es para decir que esta sección es principalmente útil si tienes o estás considerando comprar una impresora con doble extrusor. Aun así, aunque no la tengas, sigue leyendo: puedes pensar en un uso creativo para estos materiales solubles.

PVA

Definición: *Alcohol polivinílico*, o *PVA*, es un polímero sintético biodegradable que se disuelve en agua.

Descripción: El PVA fue descubierto por primera vez en 1924, pero no fue hasta la década de 1950 cuando comenzó a usarse comercialmente. Se usa en todo tipo de aplicaciones, como la fabricación de papel y mortero. Su biocompatibilidad ha llevado a su uso en ciertas aplicaciones médicas, como lentes de contacto blandos y cartílago artificial.

Debido a que es soluble en agua y no tóxico (siempre que se use en cantidades razonablemente pequeñas), es útil para aplicaciones como bolsas de cebo. Los pescadores compran bolsas de PVA, ponen cebo en ellas y las colocan en el agua; la bolsa se disuelve, libera el cebo y atrae a los peces (y todo esto sin introducir residuos plásticos en el medio ambiente). Incluso ha habido investigaciones sobre su uso en cápsulas de liberación prolongada para medicamentos.

Usos: En el mundo de la impresión 3D, el PVA se usa básicamente solo para estructuras de soporte para impresiones hechas de materiales más duraderos. Es especialmente útil para impresiones muy complejas, con estructuras de soporte en recovecos, que serían difíciles de quitar solo con una cuchilla. Lo único que tienes que hacer es sumergir tu producto terminado en agua tibia, y el PVA se disolverá, dejando tu hermoso producto final detrás. (Ten en cuenta que te quedará agua llena de un residuo pegajoso, así que debes tener cuidado al desecharla).

Por supuesto, todo esto significa que necesitas una impresora con doble extrusor: un extrusor imprime con tu material principal y el otro extrusor imprime con PVA. Si no tienes una impresora con doble extrusor, tendrás que hacer toda la impresión con el mismo material y simplemente ser hábil con las herramientas de acabado cuando el producto esté terminado.

Aunque hemos hablado principalmente sobre usos de estructuras de soporte para este producto, puedes pensar en otras aplicaciones donde su capacidad de disolución es una característica, no un error, como las bolsas de cebo de PVA que mencioné antes.

Ventajas: Acabamos de hablar extensamente sobre el beneficio obvio: la facilidad para quitar estructuras de soporte hechas de PVA. Pero eso no es todo lo que tiene a su favor: el PVA es muy fácil de imprimir, no requiere altas temperaturas ni una cámara de impresión caliente ni una cama de impresión caliente. No necesitarás modificar tu impresora en absoluto para usarlo. Este plástico es bastante biodegradable; esto no significa que esté bien tirarlo en el césped de tu parque local, pero puede hacerte sentir un poco mejor si te preocupa el desperdicio de plástico.

Desventajas: La misma característica que hace que esto sea tan útil, que se disuelva en agua, puede hacer que sea difícil de almacenar: necesitas mantenerlo lo más seco posible y alejado de fuentes de agua e incluso de alta humedad. Guárdalo siempre en un recipiente hermético.

También es un poco caro, así que si estás haciendo una impresión con PVA como soporte, querrás asegurarte de que tu modelo esté optimizado para usar la menor cantidad posible de soporte.

HIPS

Definición: Poliestireno de alto impacto (HIPS) es un polímero de hidrocarburo popular en el mundo de la impresión 3D por ser soluble en limoneno.

Descripción: El poliestireno, descubierto por primera vez en 1839, es uno de los plásticos más utilizados en el mundo: lo encontrarás en estuches de CD, cubiertos de plástico, contenedores y más. Su forma de espuma es muy popular como material de embalaje ligero; es posible que lo conozcas por su nombre comercial, poliestireno expandido (estireno).

Lo que estamos hablando aquí es el poliestireno de alto impacto, que, como su nombre sugiere, está diseñado para ser más resistente y absorber mejor los impactos que otros tipos de poliestireno.

Quizás su característica más notable con respecto a la impresión 3D es que se disuelve en limoneno, un hidrocarburo líquido conocido como el aceite en las cáscaras de cítricos (de ahí el nombre: del francés limón, que significa limón). A diferencia del agua necesaria para disolver el PVA, es casi seguro que no tienes acceso a mucho limoneno. Así que si decides usar HIPS y disolverlo, también necesitarás comprar una botella de limoneno.

Usos: El HIPS es de bajo costo, resistente a impactos y fácil de fabricar, por lo que en el mundo de la fabricación en general, se usa comúnmente para todo tipo de cosas: juguetes, vasos para beber, letreros, utensilios de cocina, tejas de techo, componentes en electrodomésticos y más.

En el mundo de la impresión 3D, se usa más comúnmente para estructuras de soporte, pero también es una excelente alternativa al ABS para la impresión normal, siendo más estable dimensionalmente y ligero que el ABS. Sí, se disolverá en limoneno, pero ¿con qué frecuencia entra en contacto tu objeto promedio con el aceite de los cítricos?

Ten en cuenta que, al igual que con el PVA, utilizarlo para agregar estructuras de soporte solubles a tu impresión requerirá una impresora 3D con doble extrusor.

Ventajas: Obviamente, la capacidad de disolución es el punto de venta real para muchas personas que hacen impresiones 3D; facilita la eliminación de las estructuras de soporte (y tienen aroma a cítricos).

Además, es económico, ligero y produce impresiones robustas y resistentes a impactos. Es relativamente fácil de imprimir y ofrece una gran estabilidad dimensional.

Si estás utilizando HIPS como material de impresión normal, no solo para estructuras de soporte, te alegrará saber que es bastante fácil de terminar: una vez impreso, se puede lijar, alisar, pintar y pegar con relativa facilidad.

Desventajas: Este material realmente no se adhiere bien a la base de impresión; se necesita una plataforma caliente para que se adhiera, y aún así puede ser necesario preparar la plataforma con cinta adhesiva, barra de pegamento, etc. También imprime a una temperatura más alta que muchos otros materiales. Asegúrate de que tu impresora y tu hotend puedan manejar las temperaturas necesarias. Tu proceso de impresión también se beneficiará de un recinto para que la impresión ocurra en un ambiente calentado.

Ten en cuenta que si usas HIPS como material de soporte para una impresión de ABS y dejas el producto final en limoneno durante mucho tiempo para disolver el HIPS, el limoneno puede comenzar a afectar al

ABS después de un tiempo. Así que mantén un ojo en ello y no lo dejes allí demasiado tiempo.

HIPS es muy reciclable, pero no siempre es fácil encontrar una planta de reciclaje que lo acepte; lamentablemente, no es muy biodegradable. Así que ten esto en cuenta al elegir imprimir con HIPS.

MATERIALES COMPUESTOS DE IMPRESIÓN

Hasta ahora, todos los materiales de los que hemos hablado han creado impresiones con aspecto plástico. Y para muchos objetos, eso es exactamente lo que quieres.

Pero, ¿qué pasaría si quisieras usar tu impresión 3D para crear algo que se vea un poco más impresionante? ¿Un poco más resistente? ¿Un poco más elegante?

Ahí es donde entran en juego los materiales compuestos de impresión. Como su nombre sugiere, son una combinación de dos materiales: un polímero base, a menudo PLA, pero a veces otros, en el que se mezclan partículas o fibras de otras sustancias. La base termoplástica permite su impresión, y las partículas o fibras le otorgan algunas de las propiedades del otro material.

Algunos materiales compuestos aumentan la resistencia del producto final. Otros se utilizan puramente por razones estéticas (e incluso pueden disminuir la resistencia o durabilidad del producto final).

Fibra de carbono

Definición: *El filamento de fibra de carbono* tiene hebras cortas de fibra de carbono en un filamento base como ABS, nylon o PLA.

Descripción: La mayoría de los filamentos que mencionaré en esta sección se usan principalmente con fines estéticos. Sin embargo, el filamento de fibra de carbono realmente mejora algunas de las propiedades mecánicas del filamento base.

Probablemente hayas oído hablar de las fibras de carbono, que son rígidas, ligeras y fuertes, con alta tolerancia a la temperatura y resistencia a productos químicos. Esto las ha hecho populares en aplicaciones de ingeniería, deportes y militares. Seguro que has oído hablar de marcos de bicicleta de alto rendimiento de fibra de carbono, carcasas de portátiles, coches de carrera y aviones.

El filamento de fibra de carbono no es tan impresionante porque son solo fibras cortas suspendidas en un termoplástico. Aún así, es un filamento bastante extraordinario.

Usos: Su resistencia y bajo peso hacen que el filamento de fibra de carbono sea una excelente opción para prototipos de piezas que necesitan ser lo suficientemente fuertes para funcionar adecuadamente en aplicaciones exigentes. También es ideal para estuches de protección y otras aplicaciones donde se necesita alta durabilidad.

Pros: Como mencioné, un filamento con fibra de carbono será más fuerte y duradero que un filamento que simplemente esté hecho del plástico base (aunque no tan fuerte y duradero como un polímero reforzado con fibra de carbono, como el que se usaría en un coche de Fórmula 1). Las impresiones hechas con este filamento son livianas, especialmente en comparación con su resistencia, y las partículas de fibra de carbono le otorgan buena estabilidad dimensional.

Como la mayoría de los materiales compuestos, este filamento adquiere muchas de las características de impresión del material base que elijas. Entonces, si has elegido uno con una base fácil de imprimir como ABS, PLA o nylon, también será bastante fácil de imprimir.

Cons: Como podrás imaginar, este filamento puede ser bastante duro para tu impresora; las partículas de fibra de carbono en él son bastante abrasivas. De hecho, si estás usando la boquilla estándar básica que vino con tu impresora, un filamento de fibra de carbono puede dañarla hasta el punto de ser inutilizable en el espacio de solo unas pocas impresiones. Puede desgastar la boquilla hasta que el agujero sea demasiado grande, haciendo que la impresión sea imprecisa y descuidada. Así que si vas a empezar a usar filamento de fibra de carbono, definitivamente necesitas obtener una boquilla endurecida mejorada que pueda resistir el abuso.

Si alguna vez pensaste en imprimir extensivamente en fibra de carbono, tal vez para fabricar muchas piezas y prototipos, puedes comprar impresoras 3D especiales dedicadas a fibra de carbono. No te sorprenderá saber que no son baratas. Y ya que estamos en el tema: los filamentos de fibra de carbono tampoco suelen ser económicos.

Madera

Definición: *El filamento de madera* contiene partículas de madera en un polímero base, generalmente PLA; el filamento tiende a tener aproximadamente un 30% de partículas de madera y un 70% de plástico.

Descripción: Básicamente, esto es lo opuesto completo al filamento de fibra de carbono: lo eliges no por sus propiedades mecánicas (de hecho, puede empeorar las propiedades mecánicas del plástico base) sino puramente por cómo se ve. ¿No te interesa aprender a tallar? No te preocupes; el barco de juguete de madera de tus sueños está a solo un carrete de filamento de madera de distancia.

Puedes obtener filamentos con una variedad de diferentes partículas de madera: caoba, bambú, ébano, incluso corcho, para diferentes aspectos finales. (Algunas compañías venden filamentos de color madera sin partículas reales de madera, así que mantente atento a eso.) Incluso puedes ser extravagante y hacer que tu hotend cambie a diferentes temperaturas a lo largo de la impresión. Algunos filamentos de madera se oscurecen y necesitan temperaturas más altas, por lo que podrías oscurecer deliberadamente el producto final en ciertos puntos para imitar la variación de color que se encuentra en la madera real.

Ten en cuenta que, para obtener los mejores resultados, probablemente querrás lijar la madera una vez terminada para obtener el aspecto y la sensación adecuados.

Usos: ¡Esto es ideal cuando buscas el aspecto de madera real! Úsalo para juguetes, accesorios, esculturas y decoraciones: imprime un porta cepillos de dientes falso de bambú o un barco pequeño para colocarlo en una botella.

Pros: Una cosa interesante sobre imprimir con madera en lugar de tallarla es que el tallado desperdicia más madera: comienzas con un bloque de madera y luego lo cortas y tallas hasta que tenga la forma deseada, descartando todo lo que acabas de quitar. Y dado que el PLA es uno de los materiales más respetuosos con el medio ambiente de los que hemos discutido aquí, un filamento de madera con base en PLA es algo con lo que te sentirás bien al usarlo.

Este filamento es fácil de usar porque mantiene la mayoría de las características que hacen que el PLA sea fácil de imprimir; no requiere altas temperaturas, una cama caliente, un recinto o algo por el estilo.

Muchas impresiones sufren del hecho de que, al mirar el producto terminado, realmente se puede ver la separación entre capas. Sin embargo, con el filamento de madera, ¡esto puede incluso agregar al aspecto final! Especialmente si, como se discutió, has jugado con el nivel de calor para obtener un aspecto más orgánico.

Una vez terminada, la impresión se puede lijar, lacar, teñir, etc. ¡Una vez que hayas hecho todo eso, se ve bastante convincente!

Cons: Una desventaja es que definitivamente querrás lijar, lacar, teñir, etc., para que la impresión final se vea lo mejor posible.

Otra desventaja es que agregar las partículas de madera al PLA hace que todo el filamento sea un poco más frágil; si el filamento tiene que redondear esquinas afiladas en el camino desde el carrete hasta el cabezal de impresión, podrías ver roturas. Y hablando de romperse, recuerda que las impresiones que creas están hechas de un polímero mezclado con fibras de madera, no del corazón de un robusto roble: serán resistentes pero no tan fuertes como podrías encontrar en la madera real. De hecho, la adición de fibras de madera al PLA realmente disminuye la resistencia al impacto de ese material, haciendo que las impresiones en 3D de madera sean algo frágiles.

Metal

Definición: *El filamento de metal* contiene polvo de metal en una base de plástico, generalmente PLA.

ELECCIÓN DE MATERIALES DE IMPRESIÓN

Descripción: Mucho de lo que voy a decir aquí se parece a la sección de filamento de madera porque, una vez más, son partículas de otro material suspendidas en plástico. En este caso, son varios tipos de polvo metálico: puedes obtener bronce, cobre, latón, y más, dependiendo del efecto que busques.

Y sinceramente, las impresiones se ven bastante bien, aunque quizás no lo creas al ver el producto final; generalmente, necesitarás lijar y pulir la impresión para que se vea realmente bien. Una característica interesante de estas impresiones es que debido al polvo metálico que contienen, tienen más peso que una impresión de plástico estándar; cuando las levantas, puedes sentir que son (parcialmente) de metal.

Usos: Este filamento es excelente para estatuas y decoraciones que requieren un aspecto metálico; imagina crear una réplica a escala de la Torre Eiffel en un material que tenga el aspecto y el peso del metal real. También es una excelente opción para joyas, piezas de vestuario y accesorios.

Pros: La mayoría de nosotros no tenemos la capacidad de fabricar cosas de metal en nuestras mesas de cocina; este filamento ofrece un buen compromiso que es mucho más accesible para la persona promedio que las máquinas industriales para trabajar el metal. Como mencioné, estas impresiones de metal tienen un peso convincente y un buen aspecto (después de pulirlas y darles ese brillo especial). Sin embargo, ten en cuenta que algunas compañías venden filamentos que son de color metálico pero que en realidad no contienen metal; asegúrate de leer la etiqueta y saber lo que estás obteniendo.

Debido a que generalmente se usa PLA como base, este filamento no es demasiado difícil de imprimir; requerirá las mismas temperaturas y necesidades de cama caliente que un filamento PLA estándar.

Contras: Al igual que con el filamento de madera, necesitarás hacer un trabajo adicional al final para que las impresiones de filamento metálico luzcan lo mejor posible. Además, al igual que con el filamento de madera, la presencia de partículas extrañas dentro del filamento puede hacerlo más quebradizo y propenso a romperse si se fuerza a pasar por esquinas ajustadas o a doblarse sobre sí mismo. Debido a que es más pesado que el filamento promedio, el filamento metálico tiene dificultades con los voladizos, que tienden a colgar; es posible que necesites aún más estructuras de soporte de las que usarías con otro filamento. El polvo metálico dentro del filamento es algo abrasivo y puede dañar tu boquilla; si estás usando una boquilla estándar básica, deberás actualizar a una endurecida.

Sin embargo, todo ese peso y abrasividad no significa que este filamento sea tan fuerte y duradero como el metal; las piezas impresas suelen ser bastante quebradizas.

Piedra

Definición: *El filamento de piedra* contiene polvo de piedra o tiza en una base de polímero (generalmente PLA). Crea impresiones que tienen el aspecto de piedra tallada.

Descripción: Esto sonará familiar desde los filamentos de madera y metal: este es un plástico básico con polvo de piedra en él. Es un poco más inusual que los otros dos, pero lo mencioné porque realmente me parece interesante que esto sea algo que se pueda hacer. Puedes encontrarlo en diferentes colores, incluidos algunos con múltiples colores para darle un aspecto más realista.

Dicho esto, si soy totalmente honesto, tiendo a encontrar que este es el menos convincente de estos tipos de filamento (piedra, metal, madera) que intentan imitar otra sustancia. Creo que los de madera y metal pueden verse bastante bien una vez que se han terminado; aún no he visto una impresión 3D de piedra que me parezca convincentemente real. Si encuentras alguna, házmelo saber para que tenga un poco más de confianza en el filamento de piedra.

Usos: Esto se usa principalmente con fines decorativos: úsalo para crear bustos, descansa palillos y réplicas de las cabezas de la Isla de Pascua.

Pros: Al igual que con los otros dos, este filamento generalmente es fácil de imprimir porque la base suele ser PLA u otro filamento común y fácil de usar; no hay requisitos especiales de temperatura o cama caliente. Puede utilizarse para crear algo que la mayoría de nosotros no tenemos las habilidades de cincelar para crear por nuestra cuenta.

Contras: Desafortunadamente, al igual que con el metal, la adición de polvo de piedra disminuye la durabilidad del PLA subyacente; las impresiones hechas con este material suelen ser frágiles y se rompen fácilmente.

Además, debido a que el polvo de piedra puede contener pequeños fragmentos, puede ser algo abrasivo; con el tiempo, puede dañar tu boquilla. Si vas a imprimir con piedra, probablemente deberías actualizar primero a una boquilla de acero endurecido.

Este es definitivamente uno de los tipos de materiales menos conocidos y menos comunes; cuando lo busqué en Google, solo aparecieron algunas opciones de compra. Esto no es ideal para ti como comprador; más opciones de compra significan que las compañías están compitiendo entre sí en precio, lo cual generalmente es bueno para ti. Aun así, definitivamente puedes encontrar algunas opciones interesantes por ahí para filamentos compuestos de piedra.

MATERIALES DE IMPRESIÓN ESPECIALES

Esta última sección trata sobre materiales que caen en la categoría de "Otros": materiales con propiedades inusuales que no se ajustan fácilmente a las categorías que ya hemos mencionado. Estos son materiales que probablemente no uses con frecuencia, pero que pueden ser perfectos para impresiones y aplicaciones específicas.

Realmente, hay una gran cantidad de materiales especiales disponibles, con nuevos y divertidos que aparecen todo el tiempo; no tengo tiempo para cubrir ni siquiera una fracción de lo que hay disponible. Así que lo que he elegido aquí son algunos de los filamentos que personalmente encuentro interesantes y divertidos, pero mantente atento porque hay muchas otras excelentes opciones disponibles.

Brilla en la oscuridad

Definición: *Los filamentos que brillan* en la oscuridad involucran material luminiscente agregado a una base, generalmente PLA.

Descripción: Todos hemos tenido juguetes que brillan en la oscuridad, ¿verdad? O al menos estrellas que brillan en el techo cuando éramos niños. Es la misma idea: si expones el material a la luz, brilla por un tiempo después. (Nota: con este tipo de material, el tipo de luz a la que lo expongas puede afectar cuán bien y cuánto tiempo brilla. Por ejemplo, una buena luz UV de cerca te dará un mejor brillo que si dejaste el objeto en tu encimera de cocina para que absorba la luz de una bombilla incandescente distante).

Usos: Ideal para juguetes de niños, decoraciones de Halloween, disfraces y accesorios, y cualquier otra aplicación donde brillar en la oscuridad lo haga un poco más divertido. También podrías encontrar aplicaciones prácticas para este material; por ejemplo, ¿qué tal si lo usas para hacer objetos domésticos que a menudo buscas a oscuras, como interruptores de luz o enchufes?

Pros: La base de este material suele ser PLA, lo que significa que tiene todos los mismos beneficios de impresión que el PLA: es fácil de usar y no requiere temperaturas especialmente altas, camas de impresión calefactadas, recintos o boquillas especiales. Simplemente imprime como lo harías con PLA normal y no deberías tener muchos problemas.

Contras: Es muy divertido y si investigas en línea y eliges una marca con reseñas realmente buenas, puedes esperar un material que brille bien en la oscuridad. Solo no esperes milagros. Seguramente has visto este tipo de plástico que brilla en la oscuridad antes, ¿verdad? El brillo generalmente no dura mucho y nunca será lo suficientemente brillante como para leer "Guerra y Paz". Mantén tus expectativas razonables y estarás contento.

Flexible

Definición: Los *elastómeros termoplásticos (TPE)* tienen una mezcla de caucho y plástico más duro, lo que los hace robustos pero flexibles. Una de las formas más populares de TPE es el poliuretano termoplástico o TPU.

Descripción: Los elastómeros termoplásticos han estado disponibles durante varias décadas. En el mundo de la impresión 3D, agregan una característica interesante que la mayoría de otros materiales no tienen: las impresiones pueden deformarse sin permanecer así a largo plazo. Asegúrate de leer las reseñas y preguntas sobre el material que compres; diferentes marcas tienen formulaciones diferentes, lo que significa que algunas son muy flexibles y otras solo un poco.

Usos: Esta flexibilidad lo hace ideal para aplicaciones como fundas de teléfonos, donde se requiere cierta cantidad de flexión, pero también se desea algo robusto para proteger tu teléfono. También es excelente para juguetes; imagina usarlo para las llantas de un carro de juguete, y para amortiguación de vibraciones.

Pros: El hecho de que puedas flexionar las impresiones hechas con este material lo diferencia mucho de muchos otros plásticos; esto abre un mundo entero de posibilidades interesantes para la impresión. Además, produce impresiones finales bastante robustas, que no son muy propensas al desgaste. Este material también tiene buena estabilidad material y propiedades térmicas.

Contras: Este es un material que no es fácil de imprimir. La gente encuentra que es propenso a las "strings" (es decir, deja largos hilos de filamento mientras la cabeza de impresión se mueve) y que no es excelente para imprimir capas superpuestas. Querrás diseñar y optimizar tu modelo muy cuidadosamente para evitar algunos de los peores problemas relacionados con las retracciones (cuando la cabeza de impresión se retira, dejando parte del filamento para que la cabeza de impresión pueda viajar a una nueva parte del modelo sin dejar un rastro de filamento). Estas impresiones también pueden beneficiarse de una velocidad de impresión más lenta.

También, la flexibilidad que es el punto focal de todo lo que acabo de decir sobre el material es también la causa de uno de sus desafíos: se dobla fácilmente. Así que cuando una impresora 3D intenta forzarlo en el cabezal de impresión, el filamento podría no cooperar. Si crees que quieres imprimir mucho con materiales de impresión flexibles, podrías invertir en un extrusor de accionamiento directo. Hay incluso empresas que venden cabezales de impresión especialmente diseñados para manejar materiales flexibles. Si vas a utilizar mucho filamento flexible, podrías considerar investigarlo.

Realmente, solo ten en cuenta que al imprimir con este material, es posible que necesites experimentar mucho con diferentes configuraciones antes de averiguar qué funcionará mejor con tu filamento y tu impresora.

Conductivo

Definición: *Los filamentos conductivos* combinan termoplástico con una sustancia conductora para permitirte crear impresiones que conducen electricidad.

Descripción: Este es un producto relativamente nuevo en el mercado, y abre todo un mundo de posibilidades para la impresión 3D. El elemento conductivo en estos filamentos suele ser grafeno, que es un alótropo de carbono que conduce bien la electricidad. El grafeno en sí mismo es todavía bastante nuevo; las aplicaciones potenciales aún se están explorando, pero a medida que se desarrollen nuevos métodos que reduzcan el costo de producción del grafeno, sin duda lo veremos en más lugares. Y los filamentos que incorporan grafeno son de la misma manera.

Usos: Este es definitivamente el más especializado de todos los materiales que hemos discutido; me imagino que el 98% de las personas que leen este libro nunca encontrarán un uso para este material. ¡Pero si te gusta hacer o reparar gadgets electrónicos, esto podría abrirte un mundo completamente nuevo! Imagínate diseñar circuitos eléctricos personalizados o imprimir lápices especializados para usar con dispositivos electrónicos con pantalla táctil. Este material también podría usarse para crear sensores capacitivos, como el trackpad que encuentras en una laptop. Todas estas son aplicaciones muy especializadas, pero para un cierto segmento de la población que utiliza la impresión 3D, esto podría ser un cambio de juego.

Pros: Obviamente, la primera ventaja es que este plástico conduce electricidad. Además, al igual que con algunos de los otros materiales que hemos mencionado, dado que la base de este filamento es PLA, en muchos aspectos, se imprime como PLA; no necesariamente necesitas una cama de impresión calentada, una caja cerrada ni nada por el estilo.

Contras: Lo más importante a tener en cuenta es que, aunque este material es más conductor que la mayoría de los materiales de impresión 3D, sigue siendo menos conductor que materiales verdaderamente conductores como el cobre. Es realmente más adecuado para aplicaciones pequeñas y de bajo voltaje, donde solo necesitará trabajar con dispositivos de baja potencia. La conducción lenta definitivamente no es adecuada para aplicaciones de alta potencia.

Este también está entre los filamentos más caros, dado el alto costo asociado con el uso de grafeno.

Un problema que he escuchado que muchas personas reportan al usar este material es que la adición de grafeno hace que el filamento sea más frágil que el PLA puro. Esto puede afectar tus impresiones finales y también puede hacer que el filamento se rompa mientras viaja desde el carrete hasta el cabezal de impresión. Querrás asegurarte de que tu configuración esté configurada de tal manera que el filamento no tenga que pasar por esquinas cerradas, y también querrás tener cuidado con cómo diseñas y manejas tus impresiones. Algunas personas han tenido éxito imprimiendo una carcasa de PLA para rodear la parte exterior de la impresión conductora. Esto añade algo de fuerza y durabilidad al producto final.

Este fue un capítulo largo, ¡pero espero que te haya sido útil! Hay muchas opciones excelentes y no hay respuestas correctas o incorrectas: con cada impresión que hagas, el filamento adecuado dependerá de tu impresora, tu proyecto y el resultado final deseado.

Una última palabra sobre filamentos: asume que las primeras impresiones que hagas no saldrán perfectamente. Con eso en mente, comienza usando uno de los filamentos más baratos, como PLA o ABS, hasta que te acostumbres. Definitivamente no comiences con fibra de carbono o filamento conductor primero: probablemente terminarás desperdiciando algo de dinero de esa manera.

SOFTWARE DE IMPRESIÓN 3D

Hasta ahora, hemos hablado mucho sobre hardware y materiales: qué impresora elegir y qué material usar. Pero no todo es hardware; también vas a pasar tiempo en tu computadora trabajando con software de impresión 3D. La profundidad con la que te adentres en el mundo del software variará dependiendo de tus necesidades e intereses. Sin embargo, al menos algo de trabajo en la computadora es una parte integral de cada impresión.

Así que para empezar, vamos a ver una visión general básica de lo que necesitarás hacer en cuanto al software como parte de la impresión 3D.

1. Obtener un modelo 3D para imprimir.
2. Preparar el modelo para la impresión.
3. Enviar el modelo a la impresora 3D.

Esta es una de las partes emocionantes, ¿verdad? Has elegido la impresora y el material, has hecho todo el trabajo técnico de configurarla, y ahora decides qué vas a imprimir y cómo lo vas a hacer. Vamos a hablar de cada uno de estos pasos en detalle. Ten en cuenta que esto es una visión general básica; muchos de los detalles variarán según la impresora y el software que estés utilizando, por lo que no entraré en muchos detalles aquí. Para detalles específicos, consulta los manuales y la documentación de soporte de tu impresora y software.

Bien, vamos a sumergirnos en el proceso.

OBTENER UN MODELO 3D

Elegí deliberadamente la palabra "obtener" porque eso es lo que vamos a cubrir: conseguir un modelo 3D para imprimirlo. Este libro no va a cubrir el modelado 3D; esto está destinado a ser una visión general e introducción, y el modelado 3D, que puede ser un proceso bastante involucrado y complicado, especialmente si tu modelo y/o tu software es complicado, está fuera del alcance de este libro. Hay otras fuentes excelentes para aprender más sobre el modelado 3D si eso es algo en lo que te gustaría adentrarte.

Una palabra sobre los formatos de archivo

Casi todo software de modelado 3D tendrá algún formato propietario especial en el que guardan, lo cual no sirve para compartir archivos o para imprimir; es probable que tu impresora no lea el formato oscuro que el software utiliza. Es importante tener un formato de archivo común que casi todos los programas puedan exportar y que todas las impresoras puedan aceptar. Y ahí es donde entra el STL.

Definición: *STL* es un formato de archivo para representar objetos 3D. STL significa estereolitografía, que es otro tipo de impresión 3D que utiliza un mecanismo completamente diferente al de la impresión FDM de la que hemos estado hablando. El formato fue inventado originalmente por la empresa 3D Systems, pero se ha vuelto muy extendido en el mundo de la impresión 3D.

Ahora, existen otros formatos que puedes usar de vez en cuando. Pero STL es un excelente punto de partida para nuestra discusión porque es un formato de archivo ampliamente utilizado y compatible. Piénsalo como la lingua franca de la impresión 3D.

Así que, al hablar en esta sección sobre cómo encontrar modelos 3D, querrás asegurarte de que los modelos que encuentres terminen en .stl. Por supuesto, si encuentras otros formatos, es posible que puedas abrirlos y exportarlos como STL, pero eso requiere que tengas el software adecuado para abrir el archivo. Es mucho más fácil encontrar un archivo .stl desde el principio.

Encontrar modelos

Entonces, ¿dónde obtienes un modelo 3D si no lo vas a hacer tú mismo? Tienes varias opciones aquí. Para empezar, algunas impresoras incluyen modelos básicos para usar como impresión de prueba en tu nueva impresora; si lo único que quieres es imprimir algo para familiarizarte con el proceso o para probar tu impresora recién comprada, ¡empieza por ahí!

Luego, ve en línea para consultar los millones de modelos que se pueden encontrar en Internet. Aquí hay algunas fuentes excelentes para revisar.

Thingiverse es probablemente el mejor lugar para empezar, tanto para nuestra discusión como para tu búsqueda de archivos. Esta es la colección más grande de modelos 3D en Internet—más de 2 millones, la última vez que escuché—y es 100% gratis.

Está administrado por Makerbot, un nombre que deberías reconocer de nuestra discusión sobre la historia de la impresión 3D; mostraron la primera impresora 3D de consumo en una feria comercial en 2010. Me gusta bastante Thingiverse por varias razones, pero una de ellas es el compromiso con una plataforma abierta. Revisa la página "Acerca de" en el sitio web, y verás lo siguiente: "En el espíritu de mantener una plataforma abierta, se anima a que todos los diseños se licencien bajo una licencia Creative Commons, lo que significa que cualquiera puede usar o alterar cualquier diseño". Así que, además de que los modelos son gratis, muchos de ellos están disponibles para ser alterados libremente.

Thingiverse alienta a cualquier persona que quiera contribuir a hacerlo, ya sea un profesional, un aficionado o un novato, y hay cosas buenas y malas sobre esto: por un lado, esto significa que hay una gran cantidad de modelos que la gente ha contribuido, por lo que es más probable que encuentres lo que buscas.

Por otro lado, encontrarás una amplia gama en términos de calidad de los modelos; algunos definitivamente serán mejores que otros. Afortunadamente, la plataforma facilita y fomenta la interacción: abre un modelo y podrás ver el número de personas a las que les ha gustado, comentarios de otros usuarios, remixes (modelos que la gente ha hecho modificando o tomando prestado de este modelo) y "makes", que son fotos que la gente sube de las impresiones que han hecho usando este modelo. Así que, al mirar estos likes, comentarios y "makes", generalmente puedes tener una buena idea de si este es un modelo de buena calidad.

Básicamente, si estoy buscando un archivo STL para imprimir en 3D, este es el sitio web que consulto primero. Revísalo en www.thingiverse.com.

CGTrader está en el otro extremo del espectro de Thingiverse. Mientras que Thingiverse es una plataforma abierta para intercambiar libremente

SOFTWARE DE IMPRESIÓN 3D

modelos para impresión 3D, CGTrader es un mercado para comprar y vender muchos tipos de modelos 3D, no solo aquellos que son adecuados para la impresión 3D. Sigue siendo un gran lugar para buscar modelos por un par de razones. Primero, los modelos que ofrecen son de muy alta calidad ya que los diseñadores profesionales los hacen. En segundo lugar, aunque principalmente es para comprar y vender modelos, tiene una colección considerable de modelos gratuitos.

CGTrader ha estado en funcionamiento desde 2011; fue fundada por un diseñador 3D y se concibió como un mercado amigable para los diseñadores. Aparentemente, esa era una idea para la que había un gran mercado porque el sitio ha crecido a pasos agigantados desde entonces; ahora tiene 1 millón de modelos disponibles y casi 4 millones de usuarios registrados e incluye a varias compañías Fortune 500 entre sus clientes.

Como dije, esto significa que estos son modelos de alta calidad. Solo asegúrate, cuando estés navegando por lo que se vende allí, de haber seleccionado "Modelos para impresión 3D" cuando busques modelos 3D. También puedes saber desde la página del modelo si es adecuado para la impresión 3D; generalmente lo dirá en la descripción o en los detalles.

Para encontrar modelos gratuitos, selecciona "Modelos 3D gratuitos" al buscar modelos 3D. Sin embargo, puede que valga la pena comprar un modelo si encuentras uno que te guste. No tienden a ser terriblemente caros—generalmente de $5 a $50 USD—y puedes encontrar trabajos fantásticos allí. Y si hay un diseño que te encanta, pero está en el formato incorrecto, algunos diseñadores ofrecen la opción de que te pongas en contacto y solicites una conversión de formato.

Esta también es una excelente plataforma para encontrar diseñadores para trabajos personalizados. Si encuentras un modelo que te gusta y te gusta el trabajo del diseñador, puedes usar el botón "Contrátame" para ponerte en contacto con esa persona y contratarla para un trabajo personalizado, o puedes usar la plataforma de diseñadores 3D freelance para publicar trabajos y contratar freelancers. Si solo quieres imprimir un portacepillos por diversión, probablemente no necesites dar este paso. Pero en ciertas circunstancias—tal vez intentes vender tus impresiones, por lo que cualquier costo inicial se recuperaría con tus ventas—esto podría ser la manera perfecta de obtener un modelo exactamente como lo quieres.

Consulta todo esto en www.cgtrader.com.

Cults honestamente no es uno de mis favoritos. Básicamente, hace lo que CGTrader hace: ofrece una mezcla de modelos gratuitos y no gratuitos, en su mayoría de alta calidad y no muy caros. Sin embargo, la colección no es tan grande como la de CGTrader, y encuentro que el sitio web está lleno de anuncios y es difícil de usar.

Entonces, te preguntarás, ¿por qué mencionarlo? Hay un par de razones: la primera es el hecho de que el sitio web soporta inglés, francés y español, ¡así que si te sientes más cómodo en francés o español que en inglés, estás de suerte!

La segunda es que Cults está intentando realmente ser una experiencia más social para los impresores 3D; puedes seguir a los diseñadores que te gustan, lo cual es divertido si quieres ver qué nuevos modelos crean. También publican muchos concursos.

Así que, si te interesa alguna de estas dos cosas, ¡podrías darle una oportunidad a Cults!

SOFTWARE DE IMPRESIÓN 3D

Consulta el sitio en www.cults3d.com.

MyMiniFactory es un sitio web interesante. En su nivel más básico, es un mercado para comprar y vender modelos 3D; pueden no ser tan profesionales como los de CGTrader, pero a menudo son más baratos, así que es un compromiso. También ofrece bastantes modelos gratuitos; desafortunadamente, nunca he encontrado una manera de filtrar los modelos para mostrar solo los gratuitos. Afortunadamente, una vez que estás buscando entre los modelos disponibles, los que tienes que pagar están claramente marcados.

Ahora, no es tan elegante como CGTrader, y el sitio web está un poco desordenado y no es mi favorito absoluto para usar; también tiene una colección más pequeña. Entonces, ¿por qué mencionarlo? Bueno, hay algunas cosas que hacen que MyMiniFactory se destaque.

La primera es que el sitio web definitivamente se inclina hacia los juegos; hay una cantidad verdaderamente asombrosa de modelos relacionados con juegos de mesa. No me malinterpretes—hay un montón de otras cosas también, aunque incluso navegar por una categoría como luminarias trae bastantes modelos con temas de fantasía y juegos.

MyMiniFactory también alberga información sobre campañas de crowdfunding relacionadas con los juegos. Así que, si eso es algo que buscas, definitivamente querrás consultar este sitio web primero.

Otra cosa buena de MyMiniFactory es que afirman que todos los modelos pasan por una verificación de software y luego se imprimen como prueba antes de ser publicados, por lo que puedes confiar en que esos archivos serán bastante confiables y útiles.

Si te interesa la creación de modelos 3D, MyMiniFactory tiene muchas cosas que podrían gustarte; además de permitirte registrarte para vender tus modelos, el sitio organiza competencias de diseño, a menudo en colaboración con otras empresas para proporcionar premios en efectivo. Y los diseñadores que quieren darse a conocer más—o que simplemente aman compartir lo que saben sobre la impresión 3D—pueden enviar artículos al blog de la comunidad.

Para mí, una de las características más interesantes de MyMiniFactory es Scan the World, que se describe a sí misma como una "iniciativa comunitaria ambiciosa cuya misión es compartir esculturas y artefactos culturales imprimibles en 3D usando tecnologías de escaneo 3D democratizadas". El proyecto ha colaborado con museos y organizaciones de todo el mundo para hacer modelos de algunas de las piezas más famosas de sus colecciones y algunos de los monumentos más famosos del mundo disponibles para descargar e imprimir. ¿Te gustaría una réplica del David de Miguel Ángel para decorar tu casa? ¿Qué tal una versión en miniatura del famoso Duomo de Florencia o la Gran Mezquita de Djenné en Malí para añadir un toque especial a un informe escolar? ¿Qué tal jugar al ajedrez con tu propio set de los famosos Ajedrez de Lewis? Scan the World declara que su objetivo es "llevar el patrimonio tangible a las masas", y personalmente me encanta el proyecto. Consúltalo si quieres ver algunas de las cosas increíbles disponibles para imprimir en 3D.

Consulta todo esto en www.myminifactory.com.

Etsy es una opción que quizá no se te haya ocurrido, pero puedes encontrar bastantes anuncios que ofrecen archivos STL, junto con diseñadores que ofrecen sus servicios para crear modelos personalizados. Si estás buscando algo específico y no puedes encontrarlo en otro lugar,

¡vale la pena echarle un vistazo!

Hay muchos otros lugares que puedes explorar; como puedes ver, las posibilidades son casi infinitas, ¡y puede que nunca necesites crear tu propio modelo 3D! Conéctate en línea y mira todos los modelos increíbles disponibles para ti.

PREPARAR EL MODELO PARA LA IMPRESIÓN

Entonces, has encontrado un modelo que quieres imprimir: ya sea que estés usando un archivo de prueba o hayas descargado un STL que encontraste en línea en tu computadora. ¿Y ahora qué?

Resulta que no puedes simplemente imprimir un archivo STL; básicamente, es solo una lista de coordenadas que describen la geometría superficial de tu objeto 3D, lo cual es inútil para una impresora 3D. Por lo tanto, primero necesitas prepararlo en un software llamado slicer. ¿Qué es un slicer, preguntas?

Definición: *Un slicer* es un software que toma un modelo 3D y una serie de configuraciones ingresadas por el usuario y genera un conjunto de comandos para una impresora 3D.

Como hemos hablado mucho sobre cómo funciona la impresión 3D: la impresora deposita capas que se van acumulando lentamente hasta crear el objeto final. El slicer, como puedes deducir por el nombre, corta el modelo en esas capas.

Esa es una simplificación: lo que sucede es que estás ingresando el modelo 3D y también estás dando al software ciertos parámetros, como la altura de las capas y la velocidad de impresión. Cómo configuras estos parámetros va a variar dependiendo del modelo, tu impresora, el material y tus necesidades. Todos estos parámetros interactúan entre sí de maneras que necesitas tener en cuenta. Por ejemplo, ciertos materiales y ciertas impresoras funcionarán mejor a ciertas velocidades; ciertos modelos funcionarán mejor con ciertas alturas de capa; y así sucesivamente. Además, debes pensar en el propósito final del modelo y cuánto tiempo estás dispuesto a dedicarle: una velocidad de impresión más lenta y capas más delgadas pueden darte un producto final más detallado, pero también podrían agregar horas o días a tu tiempo de impresión. Y si todo lo que estás imprimiendo es un vaso para cepillos de dientes para tu vehículo recreacional, tal vez no te preocupen tanto los detalles finos y prefieras una impresión más rápida. Así que, como puedes ver, cómo se configuran estos parámetros va a variar de impresión a impresión, de impresora a impresora, de persona a persona.

Los slicers generalmente te permiten hacer modificaciones específicas también. Puedes ajustar la escala del producto final, asegurándote de que tenga el tamaño adecuado que deseas. Puedes establecer el grosor de las paredes del objeto impreso y si las partes son huecas o tienen un relleno.

Definición: *El relleno* se refiere a lo que se imprime dentro de las paredes de una impresión 3D. Puede tener diferentes densidades, patrones y resistencias. Por ejemplo, un objeto impreso que necesita soportar peso o resistir esfuerzos probablemente necesite un relleno de mayor densidad, mientras que algo que solo va a estar adornando una estantería probablemente pueda tener un relleno de baja densidad (recuerda que un relleno de menor densidad requerirá menos tiempo de impresión, menos material y menos dinero).

SOFTWARE DE IMPRESIÓN 3D

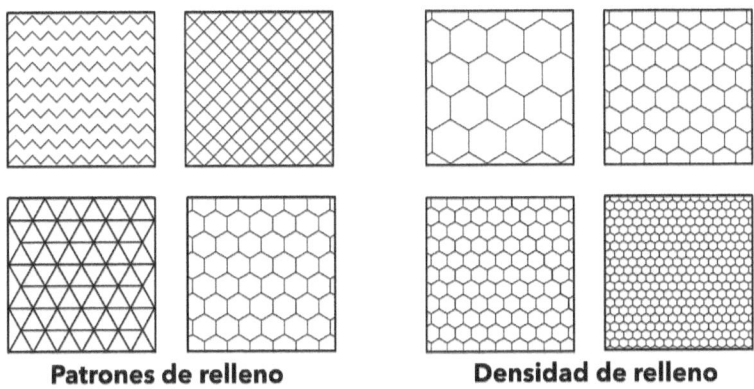

Patrones de relleno　　　　**Densidad de relleno**

Finalmente, puedes usar el slicer para configurar estructuras de soporte. Ya hemos hablado de esto; las partes del modelo que sobresalen o se extienden sobre un espacio abierto pueden necesitar estructuras de soporte debajo de ellas para mantenerlas en su lugar. Una vez que el modelo está completo, puedes quitarlas. La capacidad de un slicer para crear estructuras de soporte es una funcionalidad muy importante.

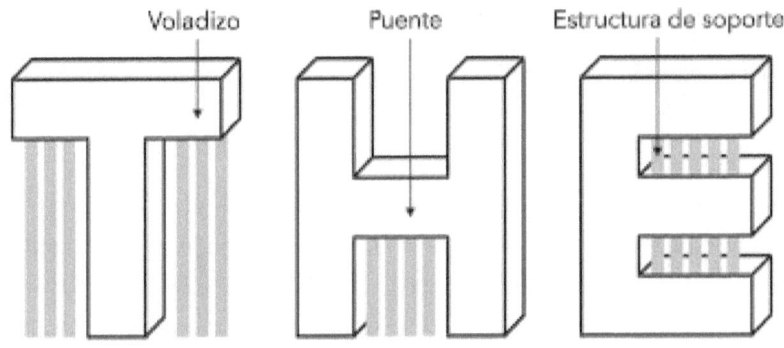

Estructuras de soporte para voladizos y puentes

Ten en cuenta, sin embargo, que no todos los salientes o puentes necesitan estructuras de soporte. Una buena regla general es que si cada nueva capa en el saliente es de menos de 45 grados, o si el saliente es menor de 5 mm, probablemente no necesites ninguna estructura de soporte.

Una vez que hayas añadido todos estos parámetros, el slicer usará toda esta información para calcular los movimientos precisos que debe realizar el cabezal de impresión para imprimir el modelo. Luego, produce un conjunto de comandos que se envían a la impresora. Generalmente, lo hacen utilizando un lenguaje llamado G-code, que también se usa en muchas otras aplicaciones de manufactura asistida por computadora.

Obteniendo un slicer

¿Cómo puedes conseguir un slicer? Bueno, si no quieres esforzarte mucho, estás de suerte: a menudo, las impresoras 3D vienen con un slicer, ya sea en algún medio de almacenamiento incluido con el paquete o disponible para descargar desde un sitio web. La ventaja de usar este slicer (además de la facilidad de encontrarlo) es que sabes que es uno que el fabricante de la impresora considera adecuado para tu impresora.

Pero puede que tu impresora no tenga un slicer recomendado. O tal vez lo tiene, pero no crees que sea muy bueno. Quizás lo has estado usando y piensas que otro slicer con mejores controles (o incluso solo diferentes controles) podría darte los resultados que buscas. En ese caso, podrías buscar un slicer diferente. Afortunadamente, puedes usar casi cualquier slicer con casi cualquier impresora; el G-code que produce un slicer es bastante universal. (Aun así, para estar seguro, antes de usar un slicer podrías buscar en Google el slicer junto con el modelo de tu impresora y ver si alguien más lo ha intentado antes.)

Cuando pruebes un nuevo slicer, puede que necesites ajustar algunas configuraciones para obtener los resultados que deseas. Recuerda que cada combinación de impresora, material, modelo y slicer será un poco diferente, y puede que necesites hacer algunos ajustes para encontrar las configuraciones adecuadas para tu impresora, material, modelo y slicer en particular. Sigue ajustando configuraciones y considera hacer una pequeña impresión de prueba antes de lanzarte a un modelo masivo que requiera mucho material.

Hay muchos slicers excelentes. La elección que hagas debe basarse en algunas cosas: ¿cuánto estás dispuesto a pagar? Puedes gastar una buena cantidad de dinero en un excelente software si así lo deseas. Pero también hay muchos slicers gratuitos geniales que pueden ser más que suficientes para tus necesidades. Además, considera las características que necesitas: una opción gratuita tendrá menos funciones interesantes, mientras que la de pago generalmente tendrá muchas más. Sin embargo, lo que puedes obtener con un slicer gratuito a menudo es más que suficiente para tus trabajos de impresión estándar. ¿Por qué pagar por más funciones si no las necesitas?

En general, recomiendo que comiences con un slicer gratuito, y luego, cuando tengas mucha experiencia, puedes decidir si necesitas algo que pueda hacer más que tu software actual. Después de todo, siempre puedes gastar más dinero cuando decidas que lo necesitas; no puedes recuperar el dinero si te das cuenta de que no necesitabas el software costoso.

Finalmente, también deberás comprobar la compatibilidad; en general, los slicers y las impresoras tendrán listas de las impresoras y los slicers con los que son compatibles.

Con todo esto en mente, aquí hay algunas opciones que podrías considerar al buscar un slicer:

Cura es generalmente considerado uno de los mejores, si no el mejor, slicer gratuito que existe. Es de código abierto, y si sabes lo que estás haciendo, puedes hacer mucho con él. Es bastante fácil de usar para principiantes; para mayor facilidad, puedes comenzar con sus configuraciones recomendadas y luego ampliar a partir de ahí según sea necesario.

Pero esa simplicidad de uso no se traduce en simplicidad de funciones; realmente puede hacer mucho, considerando que es gratuito. Sus características incluyen una etapa de vista previa, donde intenta identificar posibles puntos de falla y la capacidad de monitorear las impresiones de forma remota.

Y sabes cómo hablamos de que es genial elegir una impresora popular porque encontrarás muchas personas en línea hablando sobre ella, y podrás obtener ayuda e información útil de esa comunidad. Cura es muy similar; su popularidad significa que puedes encontrar muchos usuarios, muchos foros y sitios web y grupos en línea, mucha información y mucha ayuda en línea.

Básicamente, si quieres alejarte del slicer que vino con tu impresora, recomendaría comenzar con Cura.

Cura es hecho por Ultimaker, que fabrica impresoras 3D; afortunadamente, no necesitas una de sus impresoras para usar el software.

Descárgalo gratis en ultimaker.com/software/ultimakercura.

Si Cura es generalmente considerado el mejor slicer gratuito, entonces **Simplify3D** es generalmente considerado el mejor slicer de pago. Si quieres tomarte en serio la impresión, esta podría ser la mejor opción. La lista de compatibilidad de Simplify3D es impresionantemente larga; presumen de ser compatibles con más impresoras 3D que cualquier otro software.

Tiene muchas características excelentes, incluidas simulaciones realistas de impresiones que te permiten ver posibles problemas antes de comenzar a imprimir (aunque Cura también ofrece vistas previas, la oferta de Simplify3D es, como puedes imaginar, superior a la versión de Cura). Y la compañía ofrece algo que probablemente no encontrarás con un slicer gratuito: expertos a los que puedes acudir para obtener ayuda.

Pero, por supuesto, esto no viene sin un precio: $149 USD por una licencia. Sin embargo, tienen un período de prueba de dos semanas, así que puedes probarlo y ver si te gusta antes de comprometerte a gastar el dinero.

Definitivamente, recomendaría este para usuarios más avanzados; probablemente no sea el mejor para comenzar tu viaje en la impresión 3D. Pero si llegas al punto en el que necesitas esas funciones más avanzadas, es una gran opción.

Visítalo en simplify3d.com.

Aunque los dos slicers anteriores son probablemente los más utilizados, quería mencionar rápidamente algunas otras opciones disponibles:

Tinkerine es una empresa canadiense que se enfoca específicamente en impresoras 3D en entornos educativos: utilizando impresoras 3D en aulas para enseñar creatividad aplicada. Con ese fin, tienen un slicer muy simple y fácil de usar que es, curiosamente, totalmente basado en la nube. Esta no será una gran opción si tienes modelos realmente complejos que te gustaría preparar para imprimir, pero si estás usando tu impresora 3D en un entorno educativo, o incluso si solo la estás usando con un niño, su interfaz fácil de usar podría ser perfecta para tus necesidades. Y el hecho de que todo se haga en tu navegador significa que no necesitas descargar ningún software en tu computadora. ¡Y es gratis!

Visítalo en tinkerine.com.

Slic3r es básicamente lo opuesto a Tinkerine: tiene un montón de excelentes características, pero (y esta es a menudo la maldición del software de código abierto) no es necesariamente la interfaz más fácil de usar del mundo, especialmente si eres nuevo en la impresión 3D. Entonces, ¿por qué lo menciono? ¡Porque este es básicamente el abuelo de los slicers! Ha estado presente desde los primeros días de la impresión 3D y siempre ha sido un esfuerzo gratuito, de código abierto y sin fines de lucro. Es muy influyente; Prusa basó su propio slicer en él. Y hay una gran comunidad de usuarios y desarrolladores a su alrededor. Al igual que Simplify3D, no es necesariamente el mejor slicer para comenzar, pero a medida que te adentras más en el mundo de la impresión 3D, este es uno que podrías querer revisar.

Descárgalo en slic3r.org.

ENVIAR EL MODELO A LA IMPRESORA

Muy bien, ya tienes tu G-code listo para imprimir. Lo último que debes hacer es enviarlo a la impresora. Cómo funciona esto variará según tu impresora y tu slicer, así que querrás leer las instrucciones de cada uno

SOFTWARE DE IMPRESIÓN 3D

cuidadosamente.

También debes considerar cómo transferir físicamente los archivos desde tu computadora a tu impresora. Tienes un par de opciones: como con una impresora de escritorio, puedes conectarla con un cable USB, instalar algunos controladores (es posible que necesites visitar el sitio web del fabricante de la impresora para descargar los controladores necesarios) y hacer que tu software envíe los archivos directamente a la impresora.

Sin embargo, con algunas impresoras, tienes la opción de poner el trabajo de impresión en una tarjeta SD e insertarla en una ranura de la impresora. Algunas personas prefieren esto porque no tienen que dejar la computadora conectada a la impresora durante trabajos de impresión largos. (Sin embargo, algunas impresoras descargan todo el trabajo de impresión al principio, por lo que no necesitas dejar el cable USB conectado).

Si deseas conectarla, probablemente necesitarás software de control. Ten en cuenta que algunos slicers pueden actuar como software de control para tu impresora, y algunos slicers requieren que consigas software de control por separado. Por ejemplo, Slic3r funciona solo como un slicer, y necesitas otro software, como Repetier o Repsnapper, para enviarlo a la impresora. Simplify3D, sin embargo, puede comunicarse directamente con tu impresora.

Como dije, revisa el manual o busca en línea para saber qué requieren tu impresora y slicer.

¡Y eso es todo! Ahora tienes todas las piezas (hardware y software) para realizar tu primer trabajo de impresión 3D.

PRIMERA IMPRESIÓN: INSTRUCCIONES PASO A PASO

Así que, ahora que tenemos el software y el hardware listos, revisemos los pasos para tu primera impresión.

1. Prepara tu archivo

Ya revisamos todo esto en el capítulo anterior, así que no diré mucho aquí: ya has aprendido cómo encontrar un archivo STL y usar un slicer para prepararlo para la impresión. Si vas a imprimir desde una tarjeta SD, prepárala; si vas a conectarte a la impresora por cable, asegúrate de que esté lista y que los controladores necesarios estén instalados.

Un consejo que te daré para tu primera impresión es elegir una impresión relativamente pequeña y simple. Aún estás tratando de familiarizarte con esto y no querrás desperdiciar un montón de filamento si cometes un error. Además, ¡es tu primera impresión! Probablemente querrás que se termine rápidamente para poder ver cómo salió en lugar de esperar nueve horas a que la impresora termine.

2. Prepara la cama de impresión

Hay tres pasos para preparar la cama de impresión.

PRIMERA IMPRESIÓN: INSTRUCCIONES PASO A PASO

Primero, necesitamos **preparar la plataforma para una correcta adhesión.**

Esto ya ha surgido varias veces cuando hablábamos de accesorios y también sobre diferentes tipos de filamentos. Tal vez recuerdes que algunos filamentos se comportan mejor en esto que otros. Si estás utilizando un material que se sabe que tiene poca o demasiada adhesión a la cama, considera algunas de las siguientes soluciones para que la capa inferior se adhiera correctamente a la cama de impresión:

- Ya mencionamos la posibilidad de comprar accesorios para ayudar.
- Puedes comprar adhesivos que se aplican a la cama de impresión para ayudar a que se adhiera, como WolfBite o 3D Gloop.
- Si te preocupa retirar la impresión al final, hay algunas placas de construcción que puedes comprar que se flexionan, de modo que cuando la impresión esté lista, puedes levantar la placa de construcción de la cama de impresión y doblarla, y la impresión se desprenderá más fácilmente.
- Recuerda que ciertas camas de impresión interactuarán con diferentes materiales de diferentes maneras. Por ejemplo, suele ser más fácil quitar una impresión de una cama de impresión de vidrio. También puedes comprar camas de impresión hechas de materiales diseñados para ayudar con la adhesión: por ejemplo, he visto camas hechas de garolite que se anuncian como buenas para impresiones de nylon, aunque no puedo confirmar personalmente que funcione.
- ¿No estás interesado en gastar ese tipo de dinero? También hay opciones de bricolaje.
- Si estás imprimiendo con ABS, considera aplicar un pegamento en barra, solo un pegamento en barra común, como el que usarías para un proyecto de manualidades en el jardín de infancia, sobre la cama de impresión. Recomendaría hacer esto solo si estás usando

una cama de vidrio. Solo ten cuidado de no dejar que se acumule demasiado pegamento en un solo lugar; lo último que queremos es que la cama de impresión quede desigual.

- Si estás imprimiendo con PLA, la laca para el cabello es una opción popular; simplemente rocía una capa rápida y uniforme sobre la cama de impresión.
- Otra opción popular es la cinta: simplemente la cinta de pintor azul, el tipo que usas para asegurarte de tener líneas limpias cuando pintas una pared. Solo asegúrate de colocar la cinta con cuidado: no quieres dejar ningún hueco entre las tiras, pero tampoco quieres que se superpongan. Nuevamente, es vital que la cama de impresión esté nivelada. Algunas personas también juran por la cinta Kapton, que es una cinta resistente al calor con una superficie dorada brillante.
- Si estás imprimiendo con ABS, puedes crear una mezcla hecha de unos 15 cm de filamento de ABS disuelto en unos 60 ml de acetona. El líquido final debe ser un poco más espeso que el agua, pero no mucho. Una vez que termines, puedes esparcir eso sobre la cama (que ya debería estar calentada) con un pincel. Esta es una solución efectiva pero un poco más complicada que los pegamentos en barra o la cinta.
- Recuerda que una cama de impresión calentada está diseñada para mantener las capas inferiores calentadas de manera uniforme hasta que toda la impresión esté lista; a veces, eso por sí solo es suficiente para prevenir problemas.

Es posible que necesites uno, algunos o ninguno de estos métodos para una correcta adhesión a la cama. Tal vez obtengas los mejores resultados de una cama calentada que has cubierto tanto con cinta como con laca para el cabello. Pero posiblemente, con un material fácil de usar como el PLA y la cama de impresión adecuada, no necesites hacer nada en absoluto.

Como siempre, antes de usar mucho filamento en una impresión masiva, prueba pequeñas impresiones de prueba hasta que estés seguro de tener una opción que funcione para ti.

Una vez que eso esté listo, necesitas **nivelar la cama**. Dado que lograr que la impresión funcione correctamente tiene mucho que ver con el eje Z (el movimiento hacia arriba y hacia abajo del cabezal de impresión), debes asegurarte de que una cama no nivelada no cause problemas. Si tu cama de impresión no está nivelada, puede arruinar tus capas inferiores.

Hay algunas formas de hacerlo:

- **Nivelación de la impresora:** Algunas impresoras vienen con algún tipo de método incorporado para nivelar la cama. Esto puede implicar mapear las alturas de varios puntos en la cama (usando un sensor en el cabezal de impresión) y cambiar ligeramente el movimiento del cabezal de impresión para acomodar la inclinación. Procesos como este tienden a ser más fáciles, pero no siempre tan precisos como lo que obtendrías con la nivelación manual.
- **Nivelación por software:** Algunos slicers y programas de control de impresoras, como Cura, tienen funciones para ayudarte a nivelar tu cama. Ve si el software que estás usando lo tiene y sigue las instrucciones para usarlo.
- **Nivelación manual:** Para los resultados más precisos, muchas personas prefieren nivelar la cama a mano. Esto definitivamente requiere más trabajo, pero es algo genial que aprender si la precisión es importante para ti.

Aquí te mostramos cómo nivelar la cama manualmente:

1. Limpia cuidadosamente la boquilla y la cama de impresión antes de comenzar (a menos que esta sea tu primera impresión).
2. Muchas impresoras tienen tres o cuatro tornillos debajo de la cama, cuidadosamente posicionados en las esquinas (o dos en las esquinas y uno en el centro del lado opuesto, para formar un triángulo), que se pueden girar para levantar esa parte de la cama. Ubica los tornillos en tu impresora. (Ciertas impresoras no tienen estos tornillos; si tienes una de esas, simplemente no tienes suerte aquí).
3. Si vas a calentar la cama de impresión para este trabajo de impresión, algunas personas recomiendan calentar la cama de impresión ahora porque la cama de impresión puede expandirse y contraerse a medida que se calienta y se enfría, por lo que es mejor nivelarla en las mismas circunstancias en las que planeas imprimir. (Esto significa que la cama estará bastante caliente, así que si haces esto, ¡ten cuidado!)
4. Mueve el cabezal de impresión hasta que esté justo sobre uno de los tornillos. Por lo general, puedes hacer esto simplemente moviendo el cabezal de impresión, o la cama de impresión, a mano.
5. Usa la pantalla de control en tu impresora si tienes una, o el software de control si no tienes, para mover el eje Z a su posición inicial (es decir, bajar el cabezal de impresión al nivel 0). (Si no estás seguro de cómo hacer todo esto en tu impresora en particular, consulta el manual). En este punto, debe haber solo un pequeño espacio entre la boquilla y la cama de impresión.
6. Consigue un poco de papel: ya sea un pequeño trozo cortado de una hoja de papel de impresora o una tarjeta de índice. Desliza el papel entre la boquilla y la cama de impresión. Deberías poder deslizarlo allí, pero quieres que haya algo de resistencia, solo no tanta como para que el papel se doble o se arrugue. Si hay demasiado o muy poco espacio, usa el tornillo para ajustar la altura en ese punto hasta que esté donde quieres.

7. Repite con todos los otros tornillos.
8. Una vez que hayas ajustado todos los tornillos, hazlo de nuevo, tal vez unas cuantas veces. Esto te ayudará a afinar la nivelación, además de que cada vez que ajustas un tornillo, afectarás a los otros. Por lo general, se necesitan un par de rondas de ajustes para que todo esté bien.

Por último, si no lo has hecho ya como parte del proceso de nivelación y necesitas una cama caliente para tu trabajo de impresión, **precalienta la cama** utilizando la pantalla de control de la impresora. Revisa la temperatura recomendada para el material que estás utilizando.

¡Ahora estás listo para imprimir!

3. Prepara tu filamento

Ahora debes asegurarte de que el filamento correcto esté cargado en tu impresora.

La manera de alimentar el filamento en el cabezal de impresión puede variar ligeramente dependiendo de si tu cabezal incluye un sensor de filamento bajo; consulta tu manual para obtener instrucciones precisas. Pero la idea básica es la siguiente:

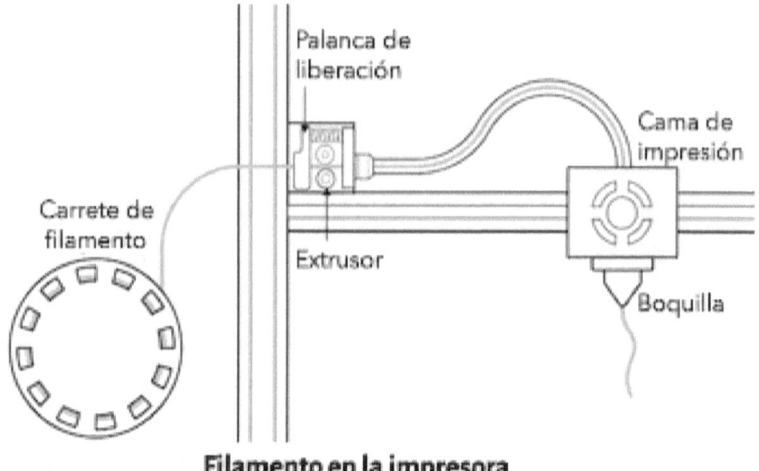

Filamento en la impresora

1. Usa la pantalla de control de la impresora para empezar a calentar la boquilla. Elige la temperatura basada en lo que se recomienda para el material que estás usando; ciertos tipos necesitan temperaturas más altas que otros.
2. Corta el extremo de tu filamento en un ángulo de 45 grados; esto facilita su alimentación en todos los lugares que necesita.
3. Alimenta el filamento a través del sensor de filamento bajo (si lo hay).
4. Alimenta el filamento a través del extrusor. A menudo, necesitarás empujar o apretar una palanca de liberación para aflojar los engranajes del extrusor y poder pasar el filamento a través de ellos.
5. Generalmente, el extrusor está conectado a la boquilla a través de un tubo. Sigue alimentando el filamento en el extrusor y a través de este tubo hasta que llegue a la boquilla.
6. Si la boquilla está caliente, una vez que el filamento llegue a ella, comenzará a derretirse y a salir por la boquilla. ¡Y has terminado!

Siempre ten cuidado con un carrete de filamento; no dejes que el filamento se afloje y se enrede.

4. Imprime

Finalmente, ¡es hora de imprimir! Si estás utilizando una tarjeta SD, insértala ahora; generalmente, usarás la pantalla de control de la impresora para navegar hasta el archivo que deseas imprimir. Si estás usando un cable USB, es posible que solo necesites usar tu software de control para indicarle a la impresora que comience a imprimir.

Y finalmente, ¡todo tu arduo trabajo está hecho! Es probable que sea prudente vigilar las primeras capas, solo para estar seguro, pero una vez que sientas que el trabajo de impresión va bien, puedes sentarte y dejar que la impresora haga su trabajo. (No la dejes completamente sola por largos períodos, ya que los incendios son una posibilidad real, aunque no muy común; es mejor estar razonablemente cerca).

5. Retira la impresión terminada

Han pasado minutos o horas, y el trabajo de impresión finalmente ha terminado. ¡Lo lograste! ¡Tienes tu primera impresión, hecha con tus propias manos! ¿Es hora de arrancarla de la cama de impresión y mostrarla a todos tus seres queridos, verdad?

¡Incorrecto! Hay una manera correcta e incorrecta de lidiar con una impresión una vez que se ha completado, y apuesto a que odiarías que todo tu arduo trabajo se arruine después de que la impresión esté completa.

Entonces, para evitar tropezar en la recta final:

Espera

Primero, espera. Apaga la impresora, o al menos la calefacción de la cama de impresión, y deja que el objeto terminado repose. Personalmente, espero hasta que toda la impresión haya regresado a la temperatura ambiente; odiaría deformarla al arrancarla cuando todavía tiene un centro blando y pegajoso.

Para una impresión pequeña, esto puede ser cuestión de minutos; para una impresión grande o densa, puede tardar hasta un par de horas.

Mientras esperas, sería un buen momento para guardar tu filamento. Saca el filamento de la impresora, enróllalo cuidadosamente alrededor del carrete (no querrás que tu filamento se enrede, créeme) y guárdalo en el lugar donde lo almacenes para mantenerlo ordenado y seco.

Retira

Retirar la impresión de la cama puede ser tan fácil como un pastel, o puede ser la parte más difícil de la impresión. Pero si tienes cuidado, puedes lograrlo.

Si utilizaste una placa flexible, ¡simplemente levántala y flexiónala! Si no, a menudo, la impresión se despegará de la cama al enfriarse, si tienes suerte.

Si no tienes suerte y permanece en la cama, puedes intentar—¡con cuidado!—torcer o tirar de la impresión, sosteniéndola muy cerca de la base.

Si esto no funciona, puede que necesites usar herramientas para despegarla: los rascadores de pintura y las espátulas son populares. Las desventajas de este método son que las herramientas pueden dañar la cama de impresión (o a ti mismo) si no tienes cuidado. ¡Así que ten cuidado!

Si estás usando un rascador o espátula, no intentes raspar todo; solo dañarás la cama de impresión y tal vez la impresión. Intenta esto en su lugar:

1. Coloca el rascador o espátula en un punto donde la impresión se encuentre con la cama; intenta colocar el borde justo en ese punto donde los dos se encuentran.
2. Usa otro objeto—algo con un poco de peso pero no demasiado, como el mango de un cuchillo de mantequilla—para golpear suavemente el mango del rascador o espátula. También puedes querer mover suavemente el rascador/espátula.
3. Puede que tengas suerte en ese punto, y la impresión salte; si no, desliza el rascador/espátula debajo de ella aún más para trabajar en soltarla. Si es necesario, muévete a otro punto y sigue. Repite hasta que la impresión se desprenda de la cama de impresión.

Limpiar

Una vez que la boquilla y la cama de impresión se hayan enfriado, límpialas según sea necesario. (Espero que hayas seguido mi excelente consejo y ya hayas guardado el filamento).

Me gusta quitar suavemente cualquier material del exterior de la boquilla con un cepillo de alambre. Si la boquilla se ha atascado, es posible que debas retirarla de la impresora y tratar de eliminar el atasco manualmente (una aguja puede ayudar aquí). También puedes comprar filamentos de limpieza especiales diseñados para eliminar obstrucciones.

Si hay pedazos de material pegados a la cama de impresión, retíralos. Probablemente no querrás limpiar a fondo la cama de impresión después de cada impresión porque muchas de las soluciones de adhesión de la cama de las que hablamos pueden usarse para múltiples impresiones. Si necesitas limpiar la cama de impresión, usar un paño sin pelusa y alcohol puede ser una buena opción; el jabón y el agua también pueden funcionar, pero solo lo recomiendo si la cama de impresión se puede retirar. No querrás arriesgarte a que el agua jabonosa se derrame por toda tu impresora.

Mostrar

Ahora puedes llevar tu producto final a todos tus amigos y asombrarlos con que creaste algo de la nada. Bueno, de un carrete de filamento, pero ya sabes a qué me refiero. ¡Lo lograste! Hiciste tu primera impresión 3D. ¡Ahora puedes pasar a impresiones más grandes y mejores!

PRIMERA IMPRESIÓN: INSTRUCCIONES PASO A PASO

10 ERRORES COMUNES EN LA IMPRESIÓN 3D

Muy bien, ya has hecho tu primera impresión; ¿cómo te fue? ¿Fue la experiencia perfecta la primera vez, o podría mejorar? Si fue perfecta, ¡bien por ti! Si fue lo segundo, no te sientas mal; nos pasa a todos, incluso a aquellos de nosotros que llevamos mucho tiempo haciendo esto. Las impresoras 3D son máquinas complejas con muchas partes móviles, tanto literales como figurativas, lo que significa que hay muchos lugares donde las cosas pueden salir mal.

Pero solo porque pase, no significa que tengas que quedarte sentado soportándolo. Hay muchos ajustes que puedes hacer en tu proceso y en tu maquinaria para asegurarte de que tus impresiones y tu experiencia sean buenas. Vamos a hablar de diez errores comunes que pueden arruinar tu experiencia de impresión 3D y cómo evitarlos o solucionarlos.

ERROR 1: NO TOMARSE EN SERIO LA PRIMERA CAPA

Pongo esto primero porque es, con mucho, el mayor error. La primera capa es (literalmente) la base de todo lo que viene después. Si no la haces bien, las posibilidades de que la impresión funcione como deseas no son grandes.

Entonces, ¿a qué me refiero cuando hablo de la primera capa? Me refiero a la adhesión a la cama, de la que hemos hablado en capítulos anteriores. Si no consigues que el filamento se adhiera adecuadamente a la cama de impresión, puedes ver una serie de problemas: el objeto que estás imprimiendo puede deformarse (los bordes de la primera capa comienzan a levantarse, por lo que no tienes una base plana para tu impresión), o el objeto puede desplazarse a mitad de la impresión porque no está suficientemente pegado a la cama.

Entonces, ¿qué podemos hacer al respecto? Consulta la sección sobre accesorios para la cama de impresión en el Capítulo 4 para obtener información sobre accesorios que puedes comprar para ayudar a aumentar la adhesión. Y si prefieres un enfoque de bricolaje, consulta la sección llamada "Prepara la cama de impresión" en el Capítulo 7 para soluciones que puedes hacer con elementos que puedes encontrar en casa.

Aquí tienes otro consejo útil: haz una prueba rápida en un objeto pequeño antes de hacer tu impresión real. Así puedes ver si el objeto se va a adherir antes de comprometerte con una impresión grande; si falla, se va a desperdiciar mucho filamento.

ERROR 2: NO HACER IMPRESIONES DE PRUEBA

Hablando de impresiones de prueba, soy un gran fan de ellas, especialmente si has cambiado algún aspecto de tu impresión. Si estás utilizando el mismo material, la misma cama de impresión, la misma temperatura que siempre, entonces definitivamente no necesitas hacerlo antes de cada impresión. Pero si has hecho un gran cambio: este es un nuevo material, estás probando una nueva temperatura, tienes una nueva boquilla, estás probando un nuevo tratamiento para la cama de impresión, considera imprimir algo pequeño primero.

Porque, como dije, las impresoras 3D son complejas, con muchos factores que las afectan: el material, la cama de impresión, los ajustes del software, incluso la temperatura de la habitación, si es especialmente baja o alta. Hay muchas cosas que podrían causar que una impresión falle. ¿Y no preferirías que falle una impresión pequeña que no te importe, en lugar de una impresión grande que va a desperdiciar filamento y dinero? Si realmente no quieres hacer una impresión de prueba, al menos mantén un ojo en un trabajo de impresión si es uno de esos en los que acabas de hacer algunos cambios importantes en tu configuración. Con suerte, podrás detectarlo si algo empieza a salir mal.

Mientras estamos en el tema de las impresiones de prueba, hay otro tipo de impresión de prueba que es útil: las pruebas de tortura, que son modelos diseñados específicamente para ser difíciles de imprimir (pueden incluir voladizos, puentes, pequeños detalles, curvas y más). Pueden usarse para poner a prueba una nueva impresora o para calibrar una impresora. Puedes encontrarlas en todo Thingiverse; solo busca "torture test". La más famosa es un pequeño barco, que probablemente hayas visto en fotos antes si has leído muchas reseñas de impresoras 3D en línea.

ERROR 3: ALMACENAR EL FILAMENTO INCORRECTAMENTE

Tu filamento es la sangre vital de tu impresora 3D, si me permites el dramatismo. Puedes tener todos los demás ajustes y piezas de hardware perfectamente calibrados, pero si el filamento, el material del que está hecha la impresión, tiene problemas, tu impresión simplemente no va a salir correctamente.

Hay algunos problemas comunes relacionados con el filamento que puedes encontrar, y todos pueden solucionarse con un almacenamiento y manejo cuidadoso:

Permitir que el filamento absorba humedad

Como he mencionado anteriormente, muchos de los filamentos que utilizarás para la impresión 3D pueden absorber humedad del aire (la palabra para esto es "higroscópico"); el nylon y el PVA son especialmente malos, pero la mayoría de los filamentos sufren de este problema en mayor o menor medida. El peligro de esto es que si tu filamento absorbe mucha humedad, cuando pase por la boquilla y se caliente, la humedad comenzará a escapar como vapor (puedes escuchar sonidos de chasquidos o crujidos mientras esto ocurre). Esto puede resultar en impresiones de menor calidad en términos de apariencia superficial, adhesión de capas y resistencia del material. También puede causar que tu boquilla y el ensamblaje del extrusor se obstruyan.

Entonces, ¿qué se puede hacer al respecto? El almacenamiento adecuado es el primer paso. Si te tomas esto en serio o si vives en un lugar húmedo, podrías considerar comprar una caja especial seca para almacenar el filamento. En su forma más simple, estas cajas son un lugar hermético para almacenar el filamento, generalmente con algo para secar el aire dentro, como un desecante. Las opciones más sofisticadas incluyen cajas que calientan y secan el filamento, con sensores de humedad incorporados y todo. Incluso puedes conseguir cajas con carretes y agujeros para que el filamento se alimente a tu impresora, así que si quieres, tus bonitos carretes de filamento nunca tienen que estar al aire libre: viven en el contenedor de almacenamiento todo el tiempo. Como puedes imaginar, este tipo de solución no es barata, pero si estás arruinando muchos carretes de un tipo de filamento caro, la inversión podría valer la pena.

También hay opciones de bricolaje si eso es más lo tuyo (o si te preocupa menos la humedad, vives en una zona más seca o simplemente eres más frugal). Cualquier cosa que cierre herméticamente puede usarse para almacenamiento: bolsas de plástico, cajas de almacenamiento, y puedes comprar paquetes de desecante o usar un elemento calefactor, como los que se usan en las jaulas de reptiles, para mantener el filamento seco. Y si quieres una caja elegante que te permita alimentar el filamento a la impresora sin sacar el carrete, hay tutoriales en línea que te enseñan a construirlas por mucho menos de lo que pagarías por una en línea.

Permitir que el filamento se ensucie

Una preocupación similar es el polvo: como cualquiera que haya tratado de mantener una habitación limpia puede decirte, cualquier cosa que quede al aire libre se llenará de polvo eventualmente. El polvo en tu filamento puede causar que el extrusor y la boquilla se obstruyan.

Al igual que con el problema de la humedad, una caja de almacenamiento puede encargarse de eso por ti. Otra opción a considerar es un filtro de filamento, que puedes imprimir y ensamblar cómodamente en casa. Es una pequeña pieza, generalmente cilíndrica, con un poco de esponja humedecida con aceite mineral en su interior. Si pasas tu filamento a través de este filtro antes de insertarlo en el extrusor, el filamento se limpiará del polvo a medida que pasa por el filtro. Puedes encontrar varios modelos de filtros en línea.

Permitir que el filamento se enrede

El filamento en un carrete puede aflojarse si se deja el extremo del filamento libre, y luego puede enredarse. Y si tu filamento se enreda tanto que el carrete ya no gira libremente, eso podría causar un problema grave mientras imprimes.

Afortunadamente, la mayoría de los fabricantes de filamento son muy conscientes de no darte carretes enredados. Desafortunadamente, eso significa que la mayoría de los carretes enredados son causados por error del usuario: ya sea por almacenamiento descuidado o por el manejo descuidado de los carretes de filamento. Generalmente, si dejas que el filamento se afloje y no tienes cuidado al volver a apretarlo, el filamento puede cruzarse sobre sí mismo, causando un enredo.

Hay dos maneras principales de prevenir esto:

- Primero, cuando manipules un carrete, siempre mantén el extremo del filamento en una mano y ténsalo lo suficiente para que el filamento en el carrete no se afloje.
- Segundo, cuando almacenes el filamento, no permitas que el extremo del filamento cuelgue suelto; puedes sujetarlo con un clip o cinta adhesiva, o con algunos carretes, pasar el extremo del filamento a través de los agujeros en el costado del carrete hasta que se mantenga en su lugar.

Lo más importante aquí es que el extremo del filamento siempre esté asegurado y tenso lo suficiente para que el resto del filamento no se afloje.

Si terminas con un enredo en el carrete, desenrolla cuidadosamente el filamento hasta que encuentres el enredo (puede que tengas mejor suerte tirando de bucles del filamento sobre el borde del carrete, un bucle a la vez). Luego, vuélvelo a enrollar con cuidado, colocando cada bucle uno al lado del otro.

Ese es un proceso arduo, sin embargo; te recomiendo que hagas todo lo posible para no tener un enredo en primer lugar.

ERROR 4: NO PREPARAR ADECUADAMENTE EL MODELO

No puedo exagerar la importancia de hacer bien el paso del slicer. Este es el proceso en el que conviertes un modelo en una realidad, en algo que la impresora 3D realmente puede imprimir. ¡Así que tómate esto en serio! Algunas cosas a tener en cuenta:

- Averigua qué configuraciones son las mejores para tu impresora y tu material. Aquí es donde una pequeña impresión de prueba podría ser útil.
- Usa estructuras de soporte. El slicer es donde podrás agregar estructuras de soporte al modelo. Ya hemos hablado de esto en detalle, pero en caso de que te hayas saltado a esta página primero: necesitas estructuras de soporte para sostener partes del modelo que se extienden al espacio o que cubren un hueco. Cuando la impresión esté lista, debes quitar las estructuras (a menudo cortándolas). Si no tienes ese soporte bajo voladizos y puentes, no habrá capas inferiores para que se impriman las capas superiores, y las partes inferiores de esos voladizos y puentes podrían parecer un plato desordenado de espaguetis.
- Rota el modelo. ¿No te entusiasma usar demasiadas estructuras de soporte? Puedes evitar muchas dificultades en tu impresión simplemente rotando el modelo. Imagina imprimir una letra T mayúscula: si está de pie, necesitarás estructuras de soporte debajo de la barra horizontal. Pero si está acostada sobre su espalda, no necesitas estructuras de soporte en absoluto.

ERROR 5: NO NIVELAR LA CAMA

Hablamos mucho sobre nivelar la cama de impresión en el capítulo anterior, pero aquí está lo esencial: tener la cama lo más nivelada posible es importante para una impresión de buena calidad. Durante el funcionamiento normal, tu impresora asumirá que la cama está nivelada y calculará la altura del cabezal de impresión en consecuencia. Si la cama no está nivelada, podrías tener lugares en tu impresión donde no obtienes una buena adhesión en la capa inferior porque la cama de impresión estaba demasiado lejos cuando el cabezal de impresión colocó esa capa.

Si deseas más detalles sobre cómo realizar este proceso, consulta el capítulo anterior.

ERROR 6: IGNORAR LA IMPRESORA MIENTRAS ESTÁ EN USO

La razón número uno que escucharás de la gente sobre por qué no dejar un trabajo de impresión completamente desatendido es la seguridad. Ha habido casos de impresoras 3D que han causado incendios, y si eso va a suceder, quieres que suceda cuando estés monitoreando el trabajo de impresión para que puedas responder a tiempo. Ahora, debido a que este es un problema conocido, las impresoras hoy en día suelen estar equipadas con lo que se llama protección contra fuga térmica, donde se apagarán si hay una falla u otras condiciones indeseables. Pero incluso eso no garantiza que nunca vaya a pasar nada malo.

Otra razón por la que es una buena idea monitorear las impresiones es para que puedas detener la impresión si falla. Si algo sale mal con la impresión o si el objeto que estás imprimiendo se vuelca, no querrás que la impresora continúe hasta el final del trabajo de impresión: ¡qué desperdicio de filamento! Si vigilas la impresora, puedes detenerla si es necesario.

"¿Y qué?" dirás. "¿Quieres decir que necesito sentarme en la habitación y observar la impresora durante las catorce horas de una impresión?" Por supuesto que no; eso sería una pérdida de tu tiempo. Pero hay algunas cosas que puedes hacer; aquí te recomiendo:

- Usa una impresora con protección contra fuga térmica, si puedes; no es una solución infalible, pero es ciertamente mejor que nada.
- Asegúrate de que todas las partes de la impresora estén en buen estado.
- Revisa la impresora ocasionalmente durante un trabajo de impresión. Una buena regla general es observar las primeras capas para asegurarte de que no haya un problema inmediato, y una vez que estés satisfecho de que ha comenzado bien, vuelve y revisa de vez en cuando: cada media hora a una hora, tal vez.
- Algunas impresoras vienen con una cámara que te permite monitorear un trabajo de impresión de forma remota; la Flashforge Adventurer 3 es un ejemplo de una de estas impresoras. Con una de estas, tus revisiones pueden hacerse de forma remota, desde un teléfono o una computadora.
- Para tus primeros trabajos de impresión con una nueva impresora, te recomendaría que no la dejes desatendida por mucho tiempo, en caso de que haya un error en tu montaje o una de las partes sea defectuosa. Una vez que la hayas usado algunas veces y te sientas un poco más confiado, no necesitas vigilarla tanto, aunque aún recomiendo que no comiences un nuevo trabajo de impresión y luego te vayas un fin

de semana a Cabo.

ERROR 7: NO TOMAR PRECAUCIONES DE SEGURIDAD

El hecho de que las impresoras 3D para consumidores estén al alcance de la persona promedio es parte de su atractivo. Pero no caigas en la trampa de pensar que esto significa que las impresoras 3D son como la impresora láser que ha estado en tu escritorio desde 1996. Estas impresoras 3D son geniales, pero definitivamente pueden causar más problemas que tu impresora de escritorio estándar.

Lo primero que querrás hacer es asegurarte de que el área de la impresora esté bien ventilada, ya que ciertos filamentos pueden liberar olores fuertes e incluso volverse peligrosos. El ABS y el ASA son conocidos por tener un problema aquí, pero otros filamentos también pueden tener problemas. Es bueno acostumbrarse a ventilar el área de impresión, incluso cuando no estés usando un filamento que se sepa que es peligroso.

También, ten cuidado con las superficies calientes. La cama de impresión y la boquilla pueden alcanzar cientos de grados, y si no tienes cuidado, puedes quemarte antes, durante o después de una impresión (recuerda que después de que la impresión esté lista y la impresora esté apagada, puede llevar un tiempo que las superficies metálicas se enfríen).

Hablando de cosas calientes, ten cuidado con los incendios. Hablamos de esto arriba, pero querrás tomar precauciones siempre que sea posible y vigilar la impresora. También ayuda asegurarte de que la impresora esté en buen estado y reemplazar las partes según sea necesario.

Por último, ten cuidado al remover impresiones. Muchas personas encuentran que usar una herramienta como una espátula es lo mejor para quitar impresiones que están pegadas a la cama de impresión, pero he oído múltiples historias de personas que se han lesionado mientras usan estas herramientas. Y una espátula o un destornillador deslizante pueden dañar no solo tus manos, sino también la superficie de la cama de impresión. Así que sé reflexivo y cauteloso cada vez que uses estas herramientas.

ERROR 8: IGNORAR EL MANTENIMIENTO

Como con cualquier máquina, las partes de una impresora 3D pueden desgastarse o dañarse con el tiempo; no puedes simplemente construir la impresora una vez y luego esperar lo mejor para siempre. Y aun cuando las partes no se estén dañando, pueden aflojarse con el tiempo.

Estos tipos de problemas pueden manifestarse de muchas maneras. Una boquilla dañada (o obstruida) puede causar impresiones de menor calidad. Las correas sueltas pueden hacer que las piezas no se muevan como deberían, lo que lleva a impresiones fallidas. Y como mencionamos arriba, algunos problemas de hardware pueden causar incendios.

Así que ¡mantén un ojo en esto! Observa cualquier degradación en la calidad de tus impresiones. Y revisa tu impresora a menudo, buscando tuercas y tornillos sueltos. Esto te ayudará a tener impresiones de alta calidad y a evitar situaciones pegajosas como incendios.

ERROR 9: TRATAR DE HACERLO TODO POR TI MISMO

Déjame contarte sobre mí: soy terrible para pedir ayuda. Cuando consigo un nuevo aparato o electrodoméstico, o si necesito arreglar uno que ya tengo, primero pierdo algo de tiempo tratando de resolverlo yo mismo, y solo cuando la dura experiencia ha demostrado que no va a funcionar, busco ayuda. ¿Te suena familiar? Sé que no soy el único que es así.

Ahora, has llegado hasta aquí en un libro diseñado para ayudarte a comenzar con la impresión 3D, así que claramente estás al menos un poco dispuesto a buscar ayuda. A ti te digo: sigue así. Sigue buscando ayuda. Hay ciertas cosas que probablemente puedes resolver por ti mismo, como programar un microondas. Pero esto no es programar un microondas. Estamos hablando de una impresora 3D, que es una pieza de maquinaria compleja controlada por una pieza de software compleja. Las posibilidades de obtener todo correcto—todas las configuraciones en hardware y software—simplemente basándote en que tú intentes resolverlo por tu cuenta, no son altas.

Y no quieres arruinar tus impresiones, ¿verdad? Después de todo, tu impresora 3D y tu filamento te costaron dinero.

Así que, como dije, busca ayuda. Comienza leyendo el manual; después de todo, un escritor técnico en algún lugar trabajó duro para crear esa información para ti, y leyendo información como este mismo libro.

Luego, ve en línea y comienza a buscar ayuda. Encuentra un grupo en algún lugar—Facebook, foros, etc.—que esté lleno de personas que usan tu misma impresora para que puedas pedirles ayuda. Encuentra artículos en sitios web llenos de información útil, y si eres un aprendiz más visual, echa un vistazo a YouTube. Hay una gran cantidad de información absolutamente asombrosa y útil disponible sobre la impresión 3D en este momento.

Aprende de aquellos que han ido antes que tú; no tienes que aprender por experimentación y fracaso y arruinar múltiples impresiones hasta que encuentres las configuraciones perfectas. Aprende de los errores de otras personas, y haz que el comienzo desordenado de tu carrera en la impresión 3D sea más fácil.

ERROR 10: RENDIRSE DEMASIADO PRONTO

Volvamos al primer capítulo de este libro. Mi consejo allí sigue siendo válido: mantén expectativas realistas y sigue intentándolo. La impresión 3D no siempre es fácil. Así que si tu primera impresión, o la segunda, o la quinta no sale como deseas, ¡no te rindas! Sigue intentándolo. Cuando una impresión falle, ajusta algunas configuraciones, lee en línea, haz preguntas en un foro si es necesario, y vuelve a intentarlo.

Tú puedes hacerlo.

10 ERRORES COMUNES EN LA IMPRESIÓN 3D

CONCLUSIÓN

¡Así que aquí estamos, al final del libro! Hemos cubierto:

- Qué es la impresión 3D
- Cómo elegir una impresora
- Accesorios útiles
- Materiales de impresión 3D
- El software que necesitarás
- Todos los pasos para tu primera impresión
- Diez errores comunes en la impresión 3D y cómo solucionarlos.

Espero que hayas encontrado esto útil y que te haya dado una buena visión general de los consejos y trucos esenciales que necesitas para comenzar tu viaje en la impresión 3D. La impresión 3D es un pasatiempo increíble que ha proporcionado entretenimiento a personas de todo el mundo, una oportunidad para ejercitar su creatividad y mejorar sus habilidades técnicas, y una manera de fabricar fácilmente objetos que son útiles, decorativos o simplemente divertidos.

Espero que este libro te haya convencido de unirte a ese grupo—¡y espero que te haya convencido de que puedes unirte a ese grupo! Sé que al principio puede parecer un poco intimidante: tantas decisiones que tomar, tantas configuraciones que ajustar. Pero el hecho de que haya

CONCLUSIÓN

tantas opciones es una de las cosas que me encanta de la impresión 3D: es tan personalizable. Puedes elegir la impresora que sea adecuada para ti, con los accesorios y materiales adecuados para ti, además del software que sea adecuado para ti. Puedes personalizar la experiencia a lo que quieres, a lo que estás dispuesto a pagar, al tiempo que estás dispuesto a dedicar para aprender... Y luego puedes crear exactamente lo que quieres: el objeto que quieres en el material que quieres en el tamaño que quieres.

Requiere algo de tiempo y esfuerzo aprender los conceptos básicos, pero no olvides que hay todo un mundo de recursos (incluyendo este libro) y personas que quieren ayudar; solo tienes que estar dispuesto a buscar y, ocasionalmente, a pedir ayuda. Sé confiado (pero lo suficientemente humilde como para pedir ayuda); sé flexible si las cosas no salen como deseas la primera vez. Sé que estarás imprimiendo como un profesional en poco tiempo.

¡Si te ha gustado el libro, te agradecería que te tomaras el tiempo para dejar una reseña en Amazon! Y si avanzas más en tu viaje y necesitas un poco más de ayuda, consulta los libros posteriores de nuestra serie.

Pero por ahora, ¡sal y ponte a imprimir!

DEJA TU OPINIÓN

¡Te estaría increíblemente agradecido si pudieras tomarte solo 60 segundos para escribir una breve opinión en Amazon, incluso si son solo unas pocas frases!

Me encanta escuchar a mis lectores, y personalmente leo cada opinión.

REFERENCIAS

A. (2017a, 7 de noviembre). Understanding the ABS Plastic in LEGO. LEGO Ways. https://legoways.com/abs-plastic-in-lego/

C. (2017b, 29 de julio). Are Dual Extruders Worth It? To Buy a 3D Printer. https://tobuya3dprinter.com/dual-extruders-worth/

Griffith, B. H. (2014, 12 de marzo). Pioneering 3D printing reshapes patient's face in Wales. BBC News. https://www.bbc.com/news/uk-wales-26534408

Lim, A. (2018, 2 de mayo). Could Bioprinting Save Your Life? ThoughtCo. https://www.thoughtco.com/what-is-bioprinting-4163337#:%7E:text=Bioprinting,%20a%20type%20of%203D%20printing%20,%20uses,organs,%20cells,%20and%20tissues%20in%20the%20human%20body.

McCue, T. J. (2020, 4 de marzo). The 5 Best Ways You Can Make Money With a 3D Printer. Lifewire. https://www.lifewire.com/make-money-with-a-3d-printer-2216

Peters, A. (2020, 6 de marzo). This village for the homeless just got a new addition: 3D-printed houses. Fast Company. https://www.fastcompany.com/90469488/this-village-for-the-homeless-just-got-a-new-addition-3d-printed-houses

Sharma, R. (2013, 12 de septiembre). Custom Eyewear: The Next Focal Point For 3D Printing? Forbes. https://www.forbes.com/sites/rakeshsharma/2013/09/10/custom-eyewear-the-next-focal-point-for-3d-printing/

Speeney, R. (2020, 31 de marzo). Blue Tape for 3D Printing: The Complete Guide [2021]. TapeManBlue. https://tapemanblue.com/blogs/tips-tricks/blue-tape-for-3d-printing

Varnak. (2020, 30 de diciembre). Why Your Next 3D Printer Should Use a 32 Bit Controller. Mechlounge. https://mechlounge.com/why-your-next-3d-printer-should-use-a-32-bit-controller/

www.ingramcontent.com/pod-product-compliance
Lightning Source LLC
Chambersburg PA
CBHW031421210526
45464CB00005B/1985